U0883011

China-ASEAN Environmental Cooperation

——Biodiversity and Regional Green Development

中国—东盟环境保护合作中心　编著

中国—东盟环境合作

——生物多样性与区域绿色发展

中国环境出版社·北京

图书在版编目（CIP）数据

中国—东盟环境合作：生物多样性与区域绿色发展/中国—东盟环境保护合作中心编著. -- 北京：中国环境出版社，2013.10

ISBN 978-7-5111-1409-9

Ⅰ.①中… Ⅱ.①中… Ⅲ.①区域环境—国际合作—中国、东南亚国家联盟②生物多样性—生物资源保护—国际合作—中国、东南亚国家联盟 Ⅳ.①X321②176

中国版本图书馆CIP数据核字(2013)第064185号

出 版 人 王新程
责任编辑 黄　颖
责任校对 尹　芳
装帧设计 刘丹妮

出版发行 中国环境出版社
（100062 北京市东城区广渠门内大街 16 号）
网　　址：http://www.cesp.com.cn
电子邮箱：bjgl@cesp.com.cn
联系电话：010-67112765（编辑管理部）
010-67175507（科技标准图书出版中心）
发行热线：010-67125803，010-67113405（传真）

印　　刷 北京市联华印刷厂
经　　销 各地新华书店
版　　次 2013 年 10 月第 1 版
印　　次 2013 年 10 月第 1 次印刷
开　　本 787×1092 1/16
印　　张 7.75
字　　数 155 千字
定　　价 28.00 元

中国—东盟环境合作
——生物多样性与区域绿色发展

加强生物多样性保护合作，促进区域绿色发展

（代序）[①]

李干杰

“中国—东盟环境合作论坛”是中国与东盟开展环境政策对话和经验交流，推动双方开展务实合作的重要平台。2011 年，以“创新与绿色发展”为主题的“中国—东盟环境合作论坛”展现了中国与东盟各国在区域环境合作领域的巨大潜力，这样的论坛应该坚持办下去，并要常办常新。

中国和东盟，一个是最大的发展中国家，一个是最大的发展中地区组织，发展阶段的相似性以及对绿色区域发展的共同追求决定了中国和东盟之间的合作是推动区域环境与发展合作的核心力量。在双方环保合作中，生物多样性保护是重要的组成部分，2010 年在第 13 次中国—东盟领导人会议上，领导人们一致同意推进在生物多样性领域的合作。本次论坛就是落实领导人会议达成的共识，以“生物多样性与区域绿色发展”为主题，通过政策对话和经验交流，建立伙伴关系，共同推进生物多样性保护，实现区域绿色发展和可持续发展，这对区域发展具有非常重要的现实意义。

中国是世界上生物多样性最丰富的国家之一，是世界八大作物起源中心和四大遗传资源中心之一，保护好生物多样性对中国意义重大。中国政府十分重视生物多样性的保护工作，大力推进生态保护与建设，不断完善生物多样性保护的体制、机制，实施了一系列生物多样性保护的重大举措。同时，认真履行《生物多样性公约》，积极参与国际和区域生物多样性合作，在生物多样性的国际合作方面也取得了新的进展。

2010 年中国成立了生物多样性保护国家委员会，国务院副总理李克强亲自担任主席。中国建立了履行生物多样性公约的协调机制，制定了《环境保护法》《野生动物保护法》《海洋环境保护法》等 20 多部相关的法律法规，实施了全国主体功能区、全国生态功能区等规划，初步形成了生物多样性保护的法规和政策体系。2010 年中国政府还批准了中国生物多样性保护战略与行动计划，明确了今后 20 年中国生物多样性保护工作的指导思想、基本原则、目标任务和保障措施等。

自 1992 年加入《生物多样性公约》以来，中国积极参与生物安全议定书等国际条约的制定，鼓励并重视生物多样性保护国际交流与合作，与联合国环境规划署、

---

①此文为环境保护部副部长李干杰于 2012 年 10 月 17 日在“中国—东盟环境合作论坛：生物多样性与区域绿色发展”开幕式上的致辞，有所删节。

联合国开发计划署、欧盟全球环境基金等国际机构，美国、俄罗斯、澳大利亚等国家以及世界自然基金会、世界自然保护联盟、大自然保护协会等国际非政府组织开展了一系列形式多样、内容丰富的生物多样性保护合作。这些合作取得了实效，得到了各方的一致肯定，为中国的生物多样性保护作出了积极贡献！

经过各方共同努力，中国生物多样性保护取得了巨大的成就，保护力度不断增强，部分区域生态系统得到恢复，国家重点保护的野生动物和野外种群稳中有升，初步形成了类型比较齐全、布局比较合理、功能比较健全的全国自然保护区域网络，全社会生物多样性保护的意识明显增强。然而，作为一个发展中国家，中国在生物多样性保护方面还面临着不少的挑战，生物多样性保护的形势依然严峻，生物多样性减少的趋势短时间内难以扭转，保护工作仍然任重道远。在当前和今后一个时期，中国将巩固已取得的成效，继续加大生物多样性保护的力度，全面提高生物多样性保护的水平。

生物多样性保护是人类共同面临的重大课题，需要世界各国共同努力。中国与东盟的各成员国充分认识到合作的重要性，积极推进生物多样性保护的合作。2009年10月，中国与东盟共同制定并通过的《中国—东盟环境保护合作战略》，将生物多样性保护列为双方环境合作的优先领域之一。2010年10月29日，第13次中国—东盟领导人会议通过的中国和东盟领导人《关于可持续发展的联合声明》指出，双方应积极落实中国—东盟环保合作战略，在生物多样性和生态环境等领域开展合作。2011年9月，中国和东盟通过了《中国—东盟环境合作行动计划》，行动计划重申了加强双方在促进生物多样性保护领域的合作。

目前，在各方的支持下，中国与东盟通过利用中国—东盟基金，已经启动了中国—东盟生物多样性与生态保护的合作项目。双方将在人员交流、合作研究、能力建设等方面开展合作。我认为中国与东盟互相学习和借鉴生物多样性保护的理念、管理模式和成功经验，不但有利于促进区域生物多样性的保护，为全球生物多样性保护作出积极贡献，也会为我们所处区域的绿色发展奠定良好的基础。

为了进一步加强中国—东盟生物多样性保护的合作，服务于区域的绿色发展，提出以下几点建议和希望：

第一，积极落实领导人的倡议，认真执行中国—东盟环境合作战略，推动双方在环境保护合作领域取得新的成果。在第13次中国—东盟领导人会议上，与会领导人一致同意加强双方在生物多样性领域的合作，《中国—东盟环境保护合作战略》也将生物多样性列为优先合作领域之一，我们要积极落实领导人提出的这些合作倡议，调动各种资源，执行好《中国—东盟环境保护合作战略》，合作中要努力发挥中国—东盟环境保护合作中心的平台、窗口和桥梁作用，加强与东盟生物多样性中心的合作，支持和鼓励中国及东盟相关的机构参与合作，同时我们也欢迎有关国际组织和机构提供支持，努力提高合作的水平和质量。

第二，要不断丰富合作形式和内涵，积极探索南南合作模式，为区域的绿色发展作出积极贡献。中国与东盟各成员国山水相连，在生物多样性和生态环境保护方面有共同的追求。也有相似的经济发展背景，加强双方在诸多领域的合作，符合双方的长远利益。目前，双方的合作还处于起步阶段，还有许多的合作潜力需要我们共同去开发和挖掘，双方应根据合作的性质、兴趣和需求，努力发挥各自的优势，积极开拓新的合作形式和内容，共同将生物多样性保护的合作打造成南南合作的典范。

第三，加强双方在生物多样性领域的人员交流、经验分享和合作研究，我们将进一步推动中国—东盟环境保护合作中心的发展，将其打造为中国—东盟环保合作的重要平台。我们将继续支持中国—东盟环境保护合作中心和东盟生物多样性中心的合作，双方应以中国—东盟生物多样性和生态保护合作项目作为纽带，加强专家的交流和知识的分享，增进相互的了解，形成更多的合作共识。

北京的秋天是一年中最美的季节，也是收获的季节，希望各位代表利用本次论坛提供的机会，进行充分的沟通和交流，凝聚智慧与共识，为今后中国与东盟的生物多样性保护与合作献计献策。我相信本次论坛的召开必将进一步加深各方的相互了解，加强中国—东盟生物多样性领域的合作，为区域绿色和可持续发展作出新的贡献。

前　　言

生物多样性保护是人类共同面临的重大课题，需要世界各国共同努力。中国与东盟各成员国充分认识到合作的重要性，积极推进生物多样性领域的合作。2009 年 10 月，中国与东盟共同制定并通过的《中国—东盟环境保护合作战略》，将生物多样性保护列为双方环境合作的优先领域之一。2010 年 10 月 29 日，第 13 次中国—东盟领导人会议通过的中国和东盟领导人《关于可持续发展的联合声明》指出，双方应积极落实中国—东盟环保合作战略，在生物多样性和生态环境等领域开展合作。2011 年 9 月，中国和东盟通过了《中国—东盟环境合作行动计划》，行动计划重申了加强双方在促进生物多样性保护领域的合作。

为落实中国—东盟环境保护合作战略和行动计划，2012 年 9 月 17—18 日“中国—东盟环境合作论坛：生物多样性与区域绿色发展”在北京举办。论坛由环境保护部与东盟秘书处支持，中国—东盟环境保护合作中心主办，东盟生物多样性中心协办。环境保护部李干杰副部长、联合国环境规划署亚太办公室主任朴英雨、亚洲开发银行东亚局副局长许延根等国内外重要嘉宾，东盟秘书处、东盟生物多样性中心、东盟十国及驻华使馆、联合国环境规划署、联合国生物多样性公约秘书处、亚洲开发银行、德国国际合作机构、世界自然保护联盟、野生动植物保护国际等国际机构代表，以及中国环境保护部、国家林业局、国家海洋局、广西和云南等地方环保部门、环保协会的官员、专家和企业界人士共计 190 余人应邀出席了论坛。李干杰副部长在论坛开幕式发言中表示，中国—东盟环境合作论坛是中国与东盟开展环境政策对话和经验交流，推动双方务实合作的重要平台，他希望将论坛长期举办下去，而且要常办常新。

2012 年的中国—东盟环境合作论坛以生物多样性与区域绿色发展为主题，宣传了中国在生物多样性保护方面所作出的努力和取得的成效，加深了各方的相互了解，为进一步推进中国—东盟在环保领域特别是生物多样性领域的合作打下了良好基础。论坛共包括开幕式和主旨演讲、区域生物多样性保护：机遇和挑战、中国和东盟生物多样性保护：政策和措施、建立伙伴关系促进区域生物多样性保护合作、闭幕式五个部分。论坛还于同期举办了“中国—东盟生物多样性保护实践研讨会”。与会代表围绕上述议题，充分交换了意见，形成了一些合作共识。

1. 区域生物多样性保护合作现状

在亚太地区，生物多样性是一个非常重要的问题，虽然亚太地区各国政府都在扩大保护区面积，制定和实施了生物多样性保护措施，并投入了资金，但是生物多样性、生物物种锐减，生态系统的流失严重的状况并未得到逆转。全球特别是亚洲地区仍面临着生物多样性保护方面的诸多挑战，解决生物多样性丧失及生态系统功能退化问题需要各国携手合作，实现区域生物多样性的可持续利用，从而解决本区域的贫困问题，尤其是解决资源匮乏的农村地区的贫困问题。近年来，中国和东盟成员国对环境保护和生物多样性的合作都给予了高度重视，中国和东盟采取了一系列的措施，执行生物多样性 2011—2020 战略和爱知生物多样性目标，双方在生物多样性保护方面通过联合研究、研讨、能力建设、示范项目等方式开展合作，并携手对促进区域环境可持续发展做了大量富有成效的工作，这都为促进地区减贫、共同发展、联合国千年发展目标的实现，以及 2012 年之后发展目标的实现提供了重要条件。双方的合作为南南合作树立了典范。

2. 区域生物多样性保护：机遇和挑战

本部分根据会议主题重点讨论了区域生物多样性保护的形势，与绿色发展的关系，以及开展生物多样性保护的机遇和挑战，主要观点如下：

（1）中国的生物多样性保护工作既是履行国际公约的要求，同时也是国家实施可持续发展战略的重要内容之一。中国政府高度重视生物多样性的保护工作，大力推进生态保护与建设，不断完善生物多样性保护的体制、机制，实施了一系列生物多样性保护的重大举措。同时，认真履行生物多样性公约，积极参与国际和区域生物多样性合作，取得了新的进展。经过各方共同努力，中国的生物多样性保护取得了巨大成就，保护力度不断增强，部分区域生态系统得到恢复，国家重点保护的野生动物和野外种群稳中有升，初步形成了类型较为齐全、布局较为合理、功能较为健全的全国自然保护区域网络，全社会生物多样性保护的意识明显增强。然而，作为发展中国家，中国在生物多样性保护方面还面临着不少挑战，生物多样性保护的形势依然严峻，生物多样性减少的趋势短时间内难以扭转，保护工作仍然任重道远。

（2）东盟生物多样性保护面临诸多威胁，东盟十国都做出了积极响应，采取措施和行动以实现生物多样性保护的各项目标。目前东南亚生物多样性也面临很多问题，例如珊瑚礁白化、泥炭地减少、红树林流失、遗传基因生物多样性损失，以及遗传资源侵蚀等问题。为解决上述问题，东盟在 2005 年组建了生物多样性中心，该中心作为东盟各国成立的区域性政府间组织，旨在帮助各成员国实现《联合国生物多样性公约》确定的目标，促进成员国在生物多样性保护和可持续利用方面的合作。在东盟地区，生物多样性保护工作取得了一些进展，如扩大陆地和海洋保护区面积、制定《2009—2015 东盟路线图》优先领域——环境可持续性主题、制定《东盟遗产公园宣言》等。在国家层面，东盟还向成员国提供政策或技术支持，以帮助成员国能够履行在多边环境协议中作出的承诺，如《生物多样性保护的公约》和其他相关的公约。此外，东盟生物多样性中心希望加强与中国的合作，通过生物多样性保护活动，支持东盟成员国的经济增长、社会发展、减贫和环境保护。

（3）生物多样性是实现联合国千年发展目标面临的重大挑战之一。生物多样性和生态服务与人类福祉息息相关，特别是在贫困和生态脆弱地区的民众的生计正在受到严重影响。“里约 +20”大会决定启动审议程序，并以将生物多样性纳入国际发展目标之一。与之相对应，各国应共同努力。从国家层面来看，由于经济环境等诸多因素，可能会导致执行面临困难，如何把国际目标，包括爱知目标、可持续发展目标转化成国内目标和行动；如何在行业、部门间协调，促进生物多样性；如何解决资源不充足情况下增强各种合作机制间的协调问题；如何满足不同国家的差异化需求以适应各国当前的首要发展任务，都是区域生物多样性保护面临的机遇和挑战。

3. 中国和东盟生物多样性保护：政策和措施

东盟是世界上生物资源最丰富、最集中的地区之一，由于近十年来经济的高速增长、城市化、农村发展、森林采伐、气候变化等原因，东盟作为一个整体，其自然资源和生物多样性正在持续减少和退化，加强生物多样性保护合作十分迫切。

本部分重点围绕中国和东盟生物多样性保护的国家政策、措施和行动，包括国家和地方层面的行动，以及取得的成效等展开了讨论。国际生物多样性计划中国委员会代表以中国国家标本资源共享平台和中国森林生物多样性监测网络为例，重点介绍了中国生物多样性保护的支持系统。柬埔寨、印度尼西亚、老挝、马来西亚、缅甸、菲律宾、新加坡、泰国、越南等东盟成员国代表分别介绍了各国生物多样性保护的基本情况、相关政策、措施以及计划和重点项目。东盟各国都希望在生物多样性保护领域加强信息交流、经验分享、行动协调，探讨开展更多的跨界合作。

4. 建立伙伴关系，促进区域生物多样性保护合作

本部分根据会议主题围绕中国和东盟在国际生物多样性保护履约、区域生物多样性保护合作，以及如何发挥政府、企业及其他相关组织在生物多样性保护中的作用等开展交流，并对未来的合作提出建议，主要内容如下。

（1）联合国环境规划署国际生态系统管理伙伴计划项目。该项目是联合国环境规划署在南方国家进行的第一个合作项目，也是专门为南方国家设计的项目，其主要任务是研究整合生态系统的管理与科学发现。该项目主要专注于科学决策，即支持各国政策的制定，对知识管理进行整合，同时进行能力建设和监管，支持关于生态系统的监督、研究和管理。与会代表认为，应加强中国与东盟在生态系统管理方面的合作。

（2）中国广西壮族自治区开展生物多样性保护工作方面的成果和经验。广西生物多样性资源较为丰富，但经济发展相对滞后，在环境与发展领域面临着诸多挑战。作为中国的西部地区大省，广西从自身环境保护需求出发，在生物多样性保护方面加强国际合作，学习其他国家先进的管理理念、经验和技术，通过与东盟成员国开展区域合作与交流，成为生物多样性保护的示范区；通过建立伙伴关系，推动区域经济社会环境相互协调融合，实现区域的可持续发展。

（3）中国开展生物多样性国际合作，促进绿色发展方面的进展和成就。中国把深化生物多样性保护领域国际合作视为推动国家、区域乃至全球生物多样性保护探索的重要机制。为此，中国环境部门开展了很多成功的国际合作，取得了积极的成效。在多边合作中，主要是开发和实施了多个由全球环境基金支持的项目；在区域合作中，主要开展“湄公河次区域核心环节规划生物多样性廊道建设项目”和“推进履行公约的能力建设活动”；在双边合作中，与欧盟、意大利、挪威等国家开展了有效合作。

（4）东盟在生物多样性领域开展的国际合作。东盟以各种方式建立起合作伙伴关系，通过谋划、协调或依托现有成员组织机构形成各种机制。建立合作伙伴关系的目的是分享在财政、人力、自然及创意等方面的资源。未来东盟还将建立起东南亚传统知识数据库，成立生物多样性信息交换所，并建立起自给自足的东盟遗产公园，以解决外来物种入侵等问题，东盟将以东盟生物多样性中心为平台建立起科技和政策的综合互动架构，通过信息传播和交流，促进合作伙伴关系建设，实现爱知目标。

（5）世界自然保护联盟在亚太地区就海岸保护、气候变化适应、水资源管理等领域开展合作的情况。

（6）德国国际合作机构开展的江西生物多样性保护项目，分享了通过生物多样性保护提高气候变化适应能力的经验。

（7）云南省在生物多样性保护领域开展的工作和成功经验。由于独特的地理位置和气候条件，云南成为中国乃至全球生物多样性最为丰富的地区之一，是中国重要的物种基因库。云南省在生物多样性保护领域与英国、荷兰、瑞典、泰国、亚洲开发银行、全球环境基金等相关国家、国际机构、国际环保组织开展了广泛合作，如与英国政府合作实施“云南环境发展与扶贫”项目、与荷兰政府合作开展“森林保护与社区发展”项目、与亚洲开发银行合作实施“大湄公河次区域生物多样性保护廊道建设”等。

5. 生物多样性保护及合作成功案例

生物多样性和生态系统保护是保持环境、社会、经济平衡发展的重要内容之一，应通过建立合作机制，搭建合作平台，开发和实施合作项目等方式，共同保护区域的生物多样性和生态系统，促进区域的绿色发展。专家们介绍了七个在东盟和中国开展的成功实践案例，分别是东盟生物多样性保护合作成功案例；中国横断山地区生物多样性保护成功案例；生计与景观策略倡议——兴林、净水、益民；自然地保护法与区域绿色经济；西双版纳示范项目——大湄公河次区域生物多样性保护走廊建设；跨界保护——东黑冠长臂猿案例；广西西南石灰岩地区生物多样性和生态保护的实践成功案例。

6. 中国—东盟生物多样性保护与绿色发展的未来合作

生物多样性是中国—东盟环境合作的优先领域之一，在第13次中国—东盟领导人会议上，领导人们一致同意加强生物多样性方面的合作，而这次论坛的召开既是落实领导人会议精神的具体举措，也为未来在生物多样性领域的合作奠定了基础。中国与东盟在生物多样性领域合作潜力巨大，合作前景广阔。中国与东盟在环境保护方面的合作可以谋划合作伙伴关系平台，搭建区域内可持续发展的合作伙伴关系网络，在国家和地方层面上给决策者实施战略和政策提供技术与应用支持。中国与东盟还可在生物多样性保护合作的最佳实践案例等方面开展交流，通过和东盟生物多样性保护中心的合作，与东盟成员国政府及地方管理部门联合，推广生态保护以及生物多样性政策相关项目以及活动的最佳实践。

本次论坛取得了以下几项具体成果：

第一，作为落实领导人提出的合作倡议，中国—东盟环境保护合作战略和行动计划的具体举措，论坛为双方搭建了一个重要的政策对话与交流平台。通过广泛的参与、充分的信息和经验交流，增进了中国与东盟之间的相互了解和友谊，提出了旨在通过生物多样性保护合作，实现区域绿色发展和可持续发展的政策及合作建议。与会各方在区域生物多样性挑战和机遇、建立伙伴关系、分享信息和经验、加强人员交流和合作研究等方面达成了共识。

第二，宣传了中国生物多样性保护成就和中国与东盟环境合作的成果，通过吸引东盟国家、国际机构和其他国家的参与，扩大了中国与东盟环境合作的影响，为进一步加强合作创造了更好的条件。论坛充分利用国际机构等的专家和技术资源，进一步拓宽合作领域，使中国与东盟在生物多样性领域的合作不断得到深化。

第三，通过双方生物多样性和生态保护相关部门、国际合作伙伴和国际组织的参与，初步建立起了区域性的生物多样性和生态保护合作网络，为进一步深化中国—东盟生物多样性的合作打下了基础。论坛充分发挥中国—东盟环境保护合作中心的窗口、桥梁和平台作用，加强东盟生物多样性中心、东盟成员国的联系与合作，使双方合作的支撑体系和生物多样性整体利益认同感不断得到加强。

本书是在论坛发言和讨论的基础上整理编撰而成，旨在与广大读者分享论坛成果，梳理中国—东盟环境保护合作的发展历程与实践路线，从政策和成功案例的角度，剖析和总结双方合作的要点和实质，以更好地支持和推进双方的合作，促进区域绿色发展。

编委会

2012年11月

目　录

第一章　区域生物多样性保护合作现状

一、东盟生物多样性保护面临的机遇和挑战[①]

2012 年中国—东盟环境合作论坛以生物多样性保护和绿色发展为主题意义重大，同时也是对联合国 2012 年世界环境大会"里约 +20"会议决议的良好实践。大会主要聚焦了两大主题，即可持续发展和消除贫困背景下的绿色经济、可持续发展的体制框架；重申了各国对实现可持续发展的政治承诺；评估了可持续发展主要峰会成果取得的进展和实施中存在的问题；大会还列出了未来全球需要应对的新挑战。在会议重要文件中涉及绿色发展问题的方方面面，比如气候变化问题、污染的问题、森林砍伐问题、物种濒危的风险等。2012 年"里约 +20"大会提出了我们想要的未来的整体构想，而 2012 年中国—东盟环境合作论坛则在"里约 +20"会议精神的指引下进一步强调了生物多样性的重要性和与可持续发展的密切关联性。

2012 年 10 月，第 11 次生物多样性公约缔约方大会在印度召开，会议讨论了生物多样性保护各方面的问题，包括生物多样性保护与居民生计问题、海洋与沿海生物多样性、生物多样性与气候变化、《名古屋议定书》的现状和发展、第 8（j）条及相关条款、联合国生物多样性十年、生态系统恢复、生物多样性与发展、干旱和半湿润地生物多样性、森林生物多样性、内陆水域生物多样性、保护区、生物多样性可持续利用、全球植物保护战略、生物燃料与生物多样性、外来入侵物种、公约的运作、农业生物多样性与利益共享等议题。因此，本次论坛也是一次召开非常及时的盛会。《中国—东盟环境保护合作战略（2009—2015）》（以下简称"合作战略"）是东盟和中国环境保护合作的重要里程碑，合作战略为东盟—中国环境合作提供了重要平台，根据合作战略内容，双方推进了环保产业与技术交流、实施了绿色使者计划、开展了联合研究和政策对话。为了支持和实现东盟成员国和中国共同制定的合作战略路线图，实现环境保护合作目标，2011 年东盟成员国和中国环境部长分别审议通过了《中国—东盟环境保护合作行动计划》（以下简称"行动计划"）。同时，东盟生物多样性中心作为合作伙伴与中国—东盟环保合作中心共同实施《中国—

① 本章第一部分为东盟生物多样性中心项目开发与执行主任克拉丽莎・阿里达在 2012 年中国—东盟环境合作论坛上的发言，有所删节。

东盟环境保护合作行动计划》，中国—东盟环境保护合作中心、中国环境保护部同东盟生物多样性中心建立起合作伙伴关系。双方通过举办本次论坛，在生物多样性保护领域进一步加深合作，并寻找到创新性的方法应对本区域面临的问题，为中国—东盟绿色发展作出贡献。

东盟生物多样性中心（ACB）于2005年9月27日由东盟各国共同签署协定成立，该中心是一个国际性的政府间组织，旨在鼓励和支持东盟成员国降低生物多样性流失率，促进生物多样性保护和可持续利用领域的区域和国际合作。其核心目标包括：促进东盟成员国之间的合作和协调；帮助协商和解决跨国生物多样性保护问题；提供分享信息、最佳实践和经验教训的框架和机制；提供能力建设和技术转让服务；提高对生物多样性保护问题的共同认知；提高区域公共意识。该中心工作主要领域包括：农业和食品安全，如食品认证和生物多样性；生物和遗传资源所产生的惠益的公平分享；气候变化和生物多样性保护；生态旅游和生物多样性保护；生态服务补偿计划和生物多样性评价；野生动物执法；外来入侵物种管理；泥炭地管理和生物多样性；全球分类学倡议；支持保护区工作计划；生物多样性信息和知识管理。中心开发和实施的项目有：人力资源和机构能力开发；政策制定和实施；合作伙伴关系和网络的建设；生物多样性信息管理。

随着生物多样性减少和生态系统退化加剧，全球及本区域对生物多样性保护日益关注，生物多样性和生态保护在经济、社会发展中的重要性上升，生物多样性保护成为中国—东盟环境保护合作的重点领域之一。当前，本区域生物多样性资源正在遭受快速破坏，各国应共同采取行动，建立区域合作，共同降低贫困、促进经济绿色发展、保护环境，抵御气候变化的影响，降低碳排放，开展生物多样性保护工作。

东盟是世界上生态最富饶的地区之一，尽管东盟国土面积仅占世界陆地面积的3%，但却拥有世界自然保护联盟（IUCN）动植物名录中的18%。东盟地区有丰富的自然资源，为本地区与全世界的必需生命保障系统提供支持。除提供水、食物和能源之外，这些自然资源在维持本区经济活动和生存也起着重要作用。东盟地区的生物多样性是人类社会健康生存息息相关的生态系统服务的基础，为地球环境的可持续性作出重要贡献。全世界17个生物多样性大国中有3个位于东盟地区（印度尼西亚、马来西亚和菲律宾）。这3个国家海陆面积仅为地球表面积的10%，但却具有全球70%以上的生物多样性。几大生物地理区块（马来群岛、瓦莱塞亚群岛、巽他大陆、印度-缅甸地区和中印度-太平洋）所支持的自然生态系统的完整性较高，具有许多在热点地区之外鲜少出现的特有物种，并拥有多个狭布鸟种、植物、昆虫集中中心。因此东盟是生物多样性的宝库，但是东盟地区也正面临着自然资源破坏、物种和栖息地退化等严峻的问题。据初步估算，东盟地区因森林植被破坏、物种退化、栖息地变化和过度利用、森林非法砍伐、非法野生动物贸易等问题，导致1 000多个物种濒危。东盟成员国已经意识到问题的严重性，并开始启动制定绿色发展规划，以实现绿色发展，这也同时体现在东盟的很多倡议中。在联合国机构、多边、双边伙伴的支持下，东盟在发展区域经济的同时，已经开始重视环境保护，当前东盟成员国也已经开始制订国家绿色发展计划和绿色发展方针、政策和战略。

通过本次论坛，东盟生物多样性中心希望各方在生物多样性保护领域共同采取行动，探讨潜在合作计划，进一步开展生物多样性保护和绿色发展的合作，实现区域绿色发展，实现生物多样性的可持续利用。东盟生物多样性中心愿与中国—东盟环境保护合作中心一道继续合作，共同推进在绿色经济发展、可持续环境保护、生物多样性保护等各领域的合作。论坛也将为来自东盟、中国，以及国际组织的专家互相学习、交流提供平台和条件，通过开展深入的讨论，为双方共同制定以行动为导向的生物多样性保护政策提供支持。

二、亚洲区域生物多样性保护与绿色增长①

将生物多样性保护与绿色增长结合在一起讨论非常有益，接下来本部分将重点阐述以下三个领域：第一，如何投资自然资本实现亚洲绿色增长；第二，如何利用区域合作推进生物多样性保护以推动区域绿色发展；第三，中国与亚洲开发银行在生态系统服务保护领域的合作。

（一）绿色发展与地区自然资本需求

在第五届环境与发展部长会议上，来自53个国家和地区、30多个国际组织和民间团体代表一致认为绿色增长是实现可持续发展的重要战略之一，而绿色增长战略的重点是建立绿色经济模式。从投资角度看，建立绿色经济模式需要包括两个重要的增长驱动力，即有效地利用资源和可持续地利用自然资本。自然环境尤其是生态系统代表和支撑了大自然的生物多样性，包括湿地、流域、微生物、森林、珊瑚礁等，所有生态系统单元提供了自然资本，构成人类社会经济活动的基础，同时也构成人类可持续生存的基础。

区域经验表明，投资自然资本将在可持续环境基础上促进经济发展和绿色增长。自然资本投资不仅包括政府直接投资，还包括其他利益相关者的间接投资，自然资本投资包括林业、农业、森林等方面的投资。农业为社会提供人类经济生活的重要组成部分，如燃料、食品和其他原材料等；生态系统和生物多样性为人类提供多种服务，研究表明可持续管理生态系统可获得高收益回报，长远利益能达到70%～80%的回报。

然而，目前并未完全建立起与生态系统和生物多样性保护相关的经济工具，社会不能给予生态保护服务补偿，因此生态保护者和生态受益者并未实现平等的回报

① 本章第二部分为亚洲开发银行东亚局副局长许延根在2012年中国—东盟环境合作论坛上的发言，有所删节。

分配，从而导致生态系统性持续退化、区域生态系统遭到快速破坏，乃至影响世界整体生态系统的变化。在国际上，目前向生态系统服务付费（PES）已经成为非常重要的政策工具，这种方式能够创造出激励机制，激励社区团体参与到保护生态系统服务的行动中，同时也可解决贫困地区人们的生计问题，而且还可向生态保护区提供可持续的融资。在过去十年里，该方式获得了长足的发展，一些重大的生态系统服务付费项目也在顺利实施中，中国已经研究实施生态系统服务付费制度，包括生态补偿系统、制定法律基础、使用生态方法等措施，以保护中国的自然保护区和正在退化的分水岭。目前，中国是世界上最大的实施生态系统服务付费制度的国家，当然，在其他国家也有这类制度实践，但规模相对较小。

（二）区域合作促进生物多样性保护

目前，亚洲区域和次区域的很多倡议中都将生物多样性保护作为重点合作领域，相信在中国和东盟在实施《中国—东盟环境保护合作战略》过程中，双方也会在后续的合作中继续推进深度和广度。

1. 湄公河次区域合作项目

20 世纪 90 年代中期，柬埔寨、中国（云南、广西）、老挝、缅甸、泰国和越南共同倡导建立环境保护合作平台，现今大湄公河次区域合作以“大湄公河次区域摆脱贫困与生态富裕”为战略方向，依靠合作伙伴关系共同开展了环境管理项目。目前，生物多样性保护项目已经成为大湄公河次区域合作的核心项目，而生物多样性保护、生态走廊项目则是该核心项目的旗舰项目，生态走廊项目代表了整合后的系统化行政区域环境合作方式，这种方式为各方合作提供了合作框架，并为解决环境问题募集资金，以重点运用可持续方式管理自然资源。该合作项目代表的是提高发展的质量需求，使社会经济发展兼顾公平和均衡性，并最终实现可持续发展。

湄公河次区域合作整合了原本分散的、六国独立的生态系统保护管理工作，该次区域合作的重点是消除贫困、促进湄公河次区域的经济增长。各国在合作框架下通过合作伙伴关系，建立环境保护项目，这些做法已经成为区域合作的成功典范。湄公河次区域合作的成功还应归功于 2006 年成立的环境运营中心（Environment Operation Center）。

湄公河次区域倡议的实施，使该地区制定了生物多样性保护规划，并采用生物多样性走廊方法管理环境面临的新挑战，如生境破坏、生态系统服务功能丧失等问题。在规划中，生物多样性走廊约 130 万公顷，生态保护和可持续发展项目下约有 200 万公顷的范围，其中森林再造面积约达到 4 000 公顷，并同时向当地 2 800 多户居民提供总计约 80 万美元的现金激励，以建立社区发展基金。通过大湄公河次区域所开展的生物多样性走廊倡议，该地区国家已经建立合作，区域的生态保护也获得各国国家层面上的支持。目前生态走廊投资正在进行中，柬埔寨、老挝、越南也都开展了生态走廊保护投资。

2. 珊瑚礁三角区倡议

珊瑚礁三角区倡议始于2007年，是亚洲开发银行推出，由印度尼西亚、马来西亚、菲律宾、所罗门群岛、东帝汶共同建立的倡议，旨在防止过度开发珊瑚礁，保护珊瑚礁三角区的可持续生态系统。该倡议从各渠道募集到约3亿美元资金，亚洲开发银行和全球环境基金已经向该倡议投资了1.7亿美元，主要是推动海洋和沿海的资源的有效管理，以进一步管理自然资源，通过区域协调和行动计划，目前区域内很多国家已经制定和采取措施来应对珊瑚礁三角区的威胁。

（三）中国与亚洲开发银行保护生态服务伙伴关系

亚洲开发银行和中国已经建立起强有力的环境保护合作伙伴关系。自1986年以来，亚行对中国的支持已经达到200亿美元，其中包括较大规模的贷款和技术援助，环境作为双方合作的主要领域之一，涵盖了自然资源管理等项目，包括批准了白洋淀、陕西秦岭、三江平原、江苏阳城湿地等生物多样性保护项目（详细项目信息可在亚行网页查询）。

2009年以来，亚行的知识议程包含了关于生态系统服务付费和生态补偿方面的重要创新和实践，而亚行在创新和宣传成功实践以及推动政策对话方面扮演了重要角色。亚行2010年出版的《中国生态补偿政策框架：机遇与挑战》，就是亚行传播知识产品的成功案例，该项目于2009年9月在中国宁夏回族自治区召开了生态补偿国际研讨会。会议期间代表们讨论了生态补偿政策在中国环境监管背景下的发展历程，提出了生态补偿政策建议，为全面制定生态补偿政策框架奠定了良好的基础。

作为宁夏会议和知识产品的成果，中国正在起草生态补偿方面的国家法规，预计将于2015年颁布。为了支持这项工作，亚行提供了两个相关的知识产品——“生态服务与生态补偿：中国实践与创新”、“中国流域服务的生态补偿”。通过散发这些知识产品，亚行和中国政府已经建立起多产的工作伙伴关系，即推动“生态补偿”广义概念成为有形而可操作的政策措施。

会议之后，亚行又以“生态服务知识共享”为主题召开了两次国际会议（2010年四川雅安，2011年江西九江）。两次会议为中国和本区域参会者提供了分享生态服务补偿经验的交流平台，与会人员在会上还讨论了各自在开展生态补偿实践时遇到的问题，而这些问题和经验将有可能在未来的项目设计中得以体现。另外，亚行还投资了一些实验项目，开展生态补偿概念的实践，例如三江湿地保护项目、江苏盐城湿地保护项目等。

亚行于近期发布的《中国国家环境分析报告》中指出，中国的环境保护发展历程可为本区其他发展中国家提供有益价值的经验总结。近年来，中国的环境保护实践取得了快速发展和进步，在亚行与中国新的国家伙伴关系战略中，也包括了发展和分享中国在生态系统服务付费和生态补偿实践与创新方面的经验。

（四）总结

值得强调的是，各国必须认识到环境管理、生态资源保护，以及生物多样性保护的程度将会影响到人类未来的生活质量，以及自然灾害和气候变化的脆弱性问题。通过适当地投资自然资本，实现对生态环境的可持续管理是可持续发展的基础，也是使社会经济系统变得更有弹性的关键。

目前，本区域无论大国、小国，都已经采取生态系统服务付费措施推动自然资本在本区的投资。当然，各国在大胆推动创新国家政策时，也必须寻求区域自然资源管理和生物多样性保护的知识共享道路。实现绿色发展和自然资源的可持续管理需要时间和耐心，而对于亚洲的未来，乃至世界，都是至关重要的。

三、区域生物多样性保护落实“里约 +20”会议成果①

“2012 年中国—东盟环境合作论坛：生物多样性和区域绿色发展”的召开非常及时，目前，国际社会正在积极落实和执行“里约 +20”大会成果，以及生物多样性十年战略，本次论坛为我们提供了进一步加强本地区合作的良好平台，执行“里约 +20”会议成果和 2020 年爱知生物多样性目标。

生物多样性是在实现联合国千年发展目标和 2015 年之后，面临的重要挑战之一。生物多样性和生态服务对于人类福祉至关重要，特别是在贫困和生态脆弱地区的人们生计问题正在因此受到严重影响。但遗憾的是，联合国千年发展目标中的重要内容——2010 年显著地减少生物多样性的流失之目标并未实现，而这一失败可能将进一步威胁人类生存，并对生活在贫穷和生态脆弱的地区人群产生重要影响。

2012 年联合国环境规划署在全球环境日所发布的《联合国环境规划署全球环境展望 5》（GEO5）显示，目前世界土地表面有 30% 以上用于农业生产，天然生态栖息地在 20 世纪 80 年代以后缩减了 20%；森林的消失速度虽然总体在放慢，但是在拉美和非洲森林仍在大面积的减少；生物多样性的流失和丧失仍面临严峻形势，目前全球有 1/5 的脊椎动物面临威胁，其中有 13% 的鸟类和 41% 的两栖动物已受到了威胁，物种消失威胁速度正在加快，珊瑚面临威胁尤为严重，自 20 世纪 80 年代以后珊瑚消失速度提高了 38%；另外，保护区的范围虽然在不断增加，但只有 7% 的近海水域及 1.4% 的海洋受到了保护，海洋中有 36% 的动物受到气候变化、捕鱼和货船污染的威胁。

① 本章第三部分为联合国环境规划署亚太办公室主任朴英雨在 2012 年中国—东盟环境合作论坛上的发言，有所删节。

2012年生物多样性全球日的主题就是“海洋的生物多样性”，这充分显示了海洋生物多样性保护的紧迫性，各国应积极采取务实措施保护海洋生物多样性。在全球环境展望中，还提出了“蓝色碳”的概念，即在海岸和海洋系统中所封存的碳，这也是促使各国加强海洋、海岸以及海洋生物保护的重要原因。

（一）亚太地区的生物多样性保护

在亚太地区，生物多样性保护是一个非常迫切的问题，虽然亚太地区各国政府都在扩大保护区面积，制定和实施生物多样性保护措施并投入资金，但是生物多样性、生物物种锐减、生态系统的流失严重的状况并未得到逆转。东南亚是世界上重要的陆地和生物多样性热点地区，2008—2010年，该地区2/3的国家发现其受到威胁的生物物种数量上升。同时，森林消失问题在东南亚地区显得较为严重，据统计，自1992年至今东南亚流失的森林面积占到当年的13%，森林减少面积相当于越南的国土面积。该地区森林消失问题主要源于人口增长，森林地区的人们为了生计需要砍伐树木，增加耕地或者工业用地。

《联合国环境规划署全球环境展望5》（GEO5）显示，目前由于东亚地区对于野生动物的消费需求，导致亚太地区脊椎动物受到严重威胁。

（二）生物多样性促进绿色发展

生物多样性和经济发展之间的关系密切，生物多样性支持经济发展，而经济发展又反过来影响生物多样性，生物多样性对于很多领域至关重要，如农业、畜牧业、林业、渔业，以及旅游业。如果生物多样性受到发展的负面影响，可持续的发展将难以实现。

近年来，我们在生物多样性保护方面取得了很大进步，如在政策层面，增加保护区面积、以可持续方法管理森林、控制外来物种入侵、分享会议知识成果、分享遗传资源信息。《名古屋议定书》可能将于2015年生效，这是一个史无前例的创新文件，它认可了土著居民和土著社区的传统知识，并对传统知识给予了规范的权利和管理。

（三）生物多样性对全球经济的影响

联合国环境规划署曾提出倡议，意在研究生态体系和生物多样性的经济方面的内容。据联合国环境规划署研究预计，到2050年，生物多样性和生态系统所造成的损失将会使全球的经济产出总量减少18%，而当前每年的经济产出损失就达到2万亿～4.5万亿美元。而如果每年投资450亿美元维护生态系统及保护区，每年将可得到约为5万亿美元的收益。鉴于此，各国的会计制度应把生态费用纳入经济系统核算中，使生物多样性在经济社会生活的各层面实现主流化，从而促进生物多样性保护以及爱知公约的实现。

生物多样性公约第十次缔约国大会要求缔约方要更新并且重新审议各国的生物多样性的战略和行动方案，同时要制定与爱知目标一致的国家和地区的目标。东盟和中国都处于经济高速增长的历史时期，同时也都在努力地保护环境和生物多样性，促进环境可持续发展。

（四）东盟—中国环境保护合作取得长足进步

中国和东盟成员非常重视环境保护和生物多样性的合作，2011 年中国—东盟第八次博览会的主题是“环境保护合作”，这展示了双方共同的政治意愿，同时对于促进区域绿色发展带来了重大的商机。

东盟和中国还采取了一系列的措施执行生物多样性 2011—2020 年战略和爱知生物多样性的目标。中国—东盟在生物多样性保护方面通过采取联合研究、研讨、能力建设、示范项目等方式开展的合作，对于维护环境可持续性具有很好的现实意义，也为促进地区减贫、共同发展、联合国千年发展目标的实现、2012 年之后发展的目标实现作出了积极努力和贡献。东盟和中国通过设立中国—东盟环境合作论坛框架，讨论政策设计，包括环境保护可持续性、可持续的发展等议题，这些为双方合作指明了方向，使双方的合作为南南合作树立了典范。

2012 年论坛主题是“生物多样性和区域绿色发展”，这很好地反映了 2015 年后环境和发展目标是东盟和中国的首要任务。2012 年 10 月，在印度召开的生物多样性公约第 11 次缔约国大会上，与会各方讨论以不同方式支持 2011—2020 年生物多样性保护战略的实现，包括如何设定利用资源目标、海洋和海岸的生物多样性保护、生态恢复、生物多样性与气候变化、生物多样性与发展等重要议题。在此背景下，本次论坛的成果将会有助于中国和东盟了解各自在第 11 次生物多样性公约缔约大会的立场和观点，有助于中国和东盟进一步增进了解，共同面对生物多样性带来的机遇和挑战，并为促进生物多样性保护绿色发展作出更大贡献。

（五）联合国环境规划署积极推动区域生物多样性保护和绿色发展

生态系统管理和生物多样性是联合国环境规划署中期战略的六大重要任务之一，同时也是联合国环境规划署理事会双年度工作计划的重要任务。联合国环境规划署通过亚太地区办公室开展的各项合作，包括和亚太地区政府、国际、地区组织，学术界、商业界和公民社会在区域和国家层面为减少生物多样性流失和减轻生态系统退化提供政策和基础上的支持。联合国环境规划署重点是要加强各国在生态系统管理领域的能力建设，使生态系统管理逐步地融入国家发展与规划当中，确保各国能够充分运用生态管理工具，并帮助各国将融资机制融入环境项目中，切实解决当前生态系统服务退化问题。

目前，联合国环境规划署在生物多样性保护领域支持和推动了很多倡议和平台，为各国提供国际和区域平台共同探讨和分享政策、科学和能力建设的国家经验，如生物多样性和生态系统管理的各种国际平台、伙伴关系和倡议，包括在生物多样性和生态系统服务的政府间合作平台（IPBES）、全球环境展望——生物多样性（GEO-Biodiversity）、生态系统和生物多样性经济学（TEEB）、国际生态系统管理伙伴关系（IEMB）、减少森林砍伐和森林退化排放（REED）、联合国环境规划署—世界保护监测中心（WCMC）、绿色经济倡议、可持续生产和消费（SCP）项目、区域海洋项目、蓝色碳排放倡议等。联合国环境规划署积极寻求与中国和东盟的环境合作，共同为本区的生物多样性保护和绿色发展作出贡献。

经验和以往实践表明只有联合起来，才能改变世界，只有携起手来，才能使人们的生活变得更美好，也只有携起手来，才能够使得本区域乃至全世界实现真正的可持续发展。为了达到这个目标，我们必须相互信任，相互信任是合作的基础，而中国—东盟环境保护合作中心带来了这种信任。在合作中，各方需要开诚布公，相互尊重倾听彼此意见，这样才能够真正改变世界。

第二章　区域生物多样性保护：机遇和挑战

一、中国生物多样性保护和绿色发展[①]

中国的生物多样性保护工作不仅是履行国际公约的要求，也是实施可持续发展战略的内在必然需求。中国面临的最大挑战是如何在经济快速发展的同时，保护好自身的生物多样性、保护好生态系统，这也是广大的发展中国家，特别包括东盟国家在内的发展中国家所面临的共同问题。在这方面，我们过去得到了很多国际机构的支持，希望今后也能够一如既往地得到支持，同时也愿意与广大的发展中国家开展经验交流、知识共享，共同分享中国的经验和教训。

本节内容意在简要介绍近年来中国在生物多样性保护、在机构机制、政策框架方面所做的工作以及取得的成效，分析目前所面临的主要的挑战和机遇。

（一）中国生物多样性保护提升到国家宏观战略高度

2010 年国际生物多样性年期间，中国成立了“2010 国际生物多样性年中国国家委员会”，由国务院副总理李克强先生亲任主席，25 个部门的分管领导任成员。5 月 18 日，李克强副总理主持召开国家委员会全体会议，要求在新形势下，做好生物多样性保护工作，建立和健全生态保护体系。9 月 15 日，中国国务院常务会第 126 次会议审议通过了《中国生物多样性保护战略与行动计划（2011—2030 年）》（以下简称“战略与行动计划”），并于 9 月 17 日正式发布实施。战略行动计划明确了今后 20 年中国生物多样性保护的指导思想、基本原则、目标任务以及保障措施，成为指导中国生物多样性保护的纲领性文件。目前，该行动计划已发行中英文版本。

2011—2020 年是联合国生物多样性十年。2011 年 6 月，经过国务院批准，“2010 国际生物多样性年中国国家委员会”正式更名为“中国生物多样性保护国家委员会”，作为中国生物多样性保护的工作机制统筹协调全国生物多样性保护工作，指导“联合国生物多样性十年中国行动”。2011 年 7 月，在第七次全国环境保护大会上，李克强副总理指出，要坚持在发展中保护、在保护中发展，积极探索代价小、效益好、排放低、可持续的环境保护新道路。2012 年 6 月，在中国生物多样性保护国家委员

① 本章第一部分为中国环境保护部自然生态司处长张文国在 2012 年中国—东盟环境合作论坛上的发言，有所删节。

会第一次会议上，委员会主席李克强副总理的重要讲话中指出，把生物多样性保护上升为国家战略是建设生态文明的必然要求，是中国经济社会可持续发展的战略需要，也是中国作为负责任大国应履行的国际义务。在这次会议上还审议通过了《联合国生物多样性十年中国行动方案》和《关于实施〈中国生物多样性保护与战略行动计划〉的任务分工》，为下一步扎实推进战略与行动计划和开展联合国生物多样性十年中国行动提供了保障。

（二）中国生物多样性保护成效显著

经过多年的努力，中国生物多样性保护取得了积极成效。

一是生物多样性保护的法律法规体系初步建立。已经制定和发布实施了 20 多部与保护生物多样性相关的环境和资源法律法规。

二是实施了一系列生物多样性保护的规划和计划。制定实施了《全国生态功能区划》、《全国主体功能区划》、《中国生物多样性保护战略与行动计划》等一系列重大规划和计划。

三是生物多样性保护工作机制逐步完善。除了“中国生物多样性保护国家委员会”之外，“全国生物物种资源保护部际联席会议”、中国履行《生物多样性公约》工作协调组、国家级自然保护区评审委员会等协调机制，也在协调部门工作中发挥了积极的作用。

四是生物多样性的基础调查，科学研究和监测能力得到提升。有关部门通过联合或专项执法行动，严厉打击破坏珍稀濒危野生动物资源、造成生物多样性流失的违法行为。

五是生物多样性就地和迁地保护成效显著。在就地保护方面，截至 2011 年底，中国已建立各种类型、不同级别的自然保护区 2 640 个，占国土面积的 14.93%，其中国家级资源保护区 335 个。初步形成了类型比较齐全、布局比较合理、功能比较健全的全国自然保护区网络。在迁地保护方面，中国已建有动物园、植物园近 500 个，以及数百个珍稀濒危动植物人工繁育基地。

六是生物安全管理不断加强。农业、林业等转基因生物安全管理体系已经初步形成，外来入侵物种防治的立法和控制管理进一步规范，建立了外来入侵防治工作协调组，相关部门设立了外来入侵物种防治的专门机构。

七是生物多样性保护国际合作有力推进。开展一系列双边、多边合作，与多个国际组织、国际机构和非政府组织建立了良好的生物多样性国际合作伙伴关系。

（三）深入推进中国生物多样性保护工作

目前，中国的生物多样性保护工作挑战与机遇并存。生物多样性丧失和流失的状况短时间内难以扭转，生物物种资源本底不清，相关法律法规有待完善，保护的资金投入不足，技术支撑力量薄弱，保护管理体制、机制和机构能力与形势任务的发展还不相适应，管理队伍建设滞后，部分保护区监管能力较差，生物多样性和生物物种资源保护工作面临诸多挑战。

同时，中国又面临着前所未有的机遇。国际上，生物多样性已经成为气候变化之后的又一环境热点，受到国际社会的高度重视。联合国大会把2011—2020年确定为“联合国生物多样性十年”，号召各国组织推动实施“全球2020生物多样性的目标”和国家的经济、社会发展规划，组织开展生物多样性保护行动。同时，《名古屋议定书》的通过和即将实施，将对实现《生物多样性公约》公正公平分享惠益的第三大目标产生积极影响。

从国内来看，“中国生物多样性保护国家委员会”的成立，为保护中国生物多样性提供了组织协调保障。《中国生物多样性保护战略行动计划（2011—2030年）》为中国未来20年逐步增强生物多样性保护意识，以及生物多样性保护的社会工作指明了方向。经过多年的宣传活动，特别是通过开展“2010国际生物多样性年中国行动”，公众的生物多样性保护意识逐步增强，生物多样性保护的社会氛围正在逐步形成。规划计划已经制定，目标已经明确，中国环保部门将利用“联合国生物多样性十年”这一难得的机遇，充分发挥国内、国外资源，制定相应的实施方案，组织开展各种活动，进一步推动中国生物多样性保护，以切实取得成效。

下一阶段，将围绕以下几个方面开展工作：

1. 贯彻落实战略与行动计划

一是要贯彻落实战略行动计划的各项任务和行动，突出重点，增强针对性和可操作性，发挥各相关部门的优势，加强协调配合，切实贯彻落实有关任务和行动。二是明确地方政府在生物多样性保护中的责任，把生物多样性的内容纳入政府目标责任制中，加强对各级政府作为生物多样性保护工作的绩效考核，充分发挥地方各级政府作为生物多样性保护责任主体的作用，推动地方结合本地实际，编制地方生物多样性保护战略与行动计划，纳入地方政府相关规划和计划中。三是争取战略与行动计划实施的资金保障，战略与行动计划是国家的规划，需要中央和地方大量、长期稳定的资金投入，环保部门也将积极同有关部门一道，加大投入力度，争取尽快实施战略与行动计划。

2. 组织实施“联合国生物多样性十年中国行动”

在认真总结2010年成功经验的基础上，结合推进中国生物多样性保护战略与行动计划和2020年全球生物多样性保护目标，制定中国十年行动方案和年度行动方案，认真组织实施，确保每年有主题、有目标、有行动、有成果，努力推动解决生物多样性保护领域的重点、热点和难点问题。同时，在这十年过程中，环保部门也需要各部门的大力支持和配合，有效地组织实施“联合国生物多样性十年中国行动”。

3. 进一步深化国际交流与合作

生物多样性保护是人类共同面临的问题，是一个国际性的课题，需要世界各国的共同努力。下一步中国还要做好参加生物多样性公约第 11 次缔约方大会的准备，积极参与相关谈判进程，履行缔约方义务，加强多边和双边的生物多样性保护交流与合作，加强人员交流和技术交流，拓展合作领域，提升合作层次。

二、东盟生物多样性保护的机遇与挑战①

生物多样性保护面临着机遇与挑战，为此，东盟十国作出了积极响应，采取措施和行动以实现生物多样性保护的各项目标。

（一）东南亚地区生物多样性保护现状与挑战

东盟生物多样性中心于 2010 年发布《东盟生物多样性展望：2010》。该报告显示，生物多样性支撑了东南亚地区 5 亿人的生计，东南亚地区拥有 4.46 亿公顷陆地面积，山地、珊瑚礁岛屿等多样化地形地貌，森林占陆地面积 43%。东南亚地区的珊瑚占世界总量的 75%，在世界的 34 个生物多样性热点地区中，东南亚地区占四个（印度尼西亚 - 缅甸、菲律宾、巽他大陆、华莱士）。然而，这些地区正在面临大量栖息地和物种流失的问题，主要的威胁之一是东南亚林木业的发达导致的森林面积缩小。另外，非法砍伐也是其中重要原因之一。由于森林生境破坏、非法森林砍伐、非法野生动物捕猎，造成已探明的 6.48 万物种中有 1 312 个物种遭到威胁。

最为典型的是生态系统中的关键支持系统——红树林，它本身属于非常重要的支撑性生态系统，东南亚地区大约有 52 种红树物种，其中有两种濒危物种。在整个东南亚地区红树林面积正在下降（图 2-1），造成红树林退化的主要原因是燃料和住宅材料需求增加、非法占用红树林转化鱼塘或虾塘，以及其他商业或农业用途。

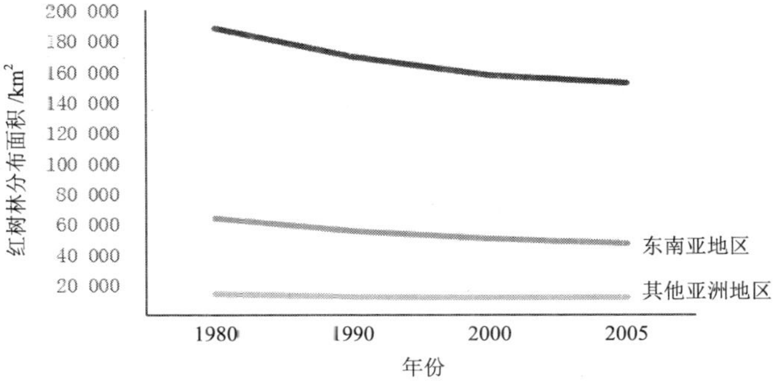

图 2-1　东南亚红树林分布面积趋势

（资料来源：2012 中国—东盟环境合作论坛会议发言材料）

① 本章第二部分为东盟生物多样性中心项目开发与执行主任克拉丽莎・阿里达在 2012 年中国—东盟环境合作论坛上的发言，有所删节。

东南亚珊瑚礁情况也不容忽视，在东南亚地区影响珊瑚礁的主要原因为过度开发、污染、沉积，以及旅游业的发展。东南亚地区珊瑚礁面积达到 86 025 平方千米，占全球珊瑚礁总面积的 1/3。印度尼西亚、马来西亚、菲律宾、越南珊瑚礁种类繁多、数量巨大，共有 600 多珊瑚物种。东南亚地区生物多样性保护的关键问题在于控制人类破坏性捕鱼、过度使用珊瑚礁等破坏性活动。

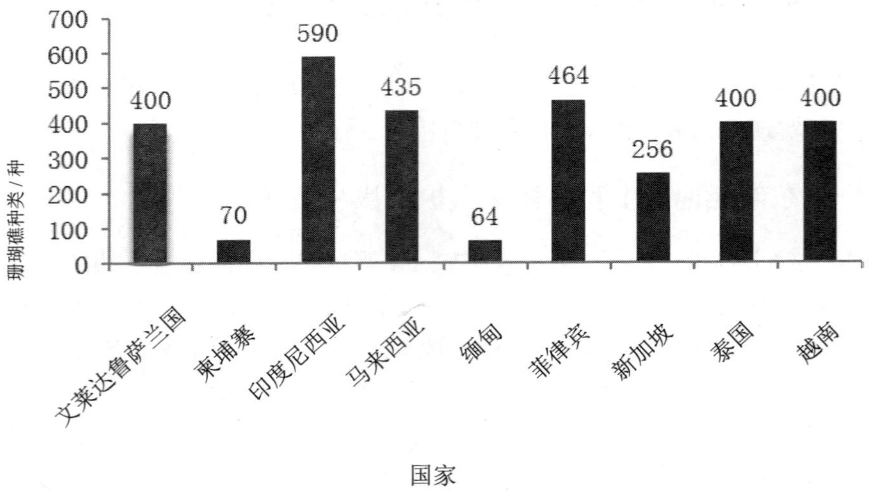

图 2-2 东盟各国珊瑚数量

（资料来源：2012 年中国—东盟环境合作论坛会议发言材料）

东南亚拥有世界上 60 种海草物种的 18 种，面积占全球海草总面积的 33%，本地区海草面积大致在 46 748 ～ 58 071 平方公里，但由于拖网捕鱼作业、破坏海岸线、沿海水域水质下降等，导致海草生态资源的流失。目前，东盟有 10% 的海草保护目标没有实现。

据估计，东南亚 88% 的珊瑚礁因人类活动面临威胁；人类破坏性活动还导致本地区泥炭地减少；东南亚红树林流失严重，在过去的 15 年间，东南亚红树林面积减少了 15%，菲律宾 50% 的红树林流失成为养殖塘；遗传基因生物多样性损失严重，遗传资源受到严重侵蚀。东南亚当地农作物被替代，物种多样性减少，栖息地被毁，害虫的侵害导致遗传基因多样性减少。

植被破坏

由于森林退化，生境破坏导致生物多样性和生态系统服务减少。1996—2007 年东盟地区因森林大火导致森林消失面积达 1 000 万公顷；不可持续的林业经营、农业扩张、农耕方式转变、人口增长导致区域森林覆盖率以每年 1% 的速度下降；另外，鸟类、哺乳动物和其他动物栖息地的流失也是本区生物多样性保护面临的重要问题之一，其中包括授粉率下降、物种丰富度降低、生物多样性整体降低等。

气候变化

2005 年发布的《千年生态系统报告》中指出，气候变化很有可能会成为 21 世纪末生物多样性损失主要的直接驱动力，报告还表明，亚洲有近 50% 的生物多样性濒临威胁，88% 的珊瑚礁可能会受到损害。东盟地区 80% 人口生活在沿海，尤其在应对气候变化上非常脆弱，因此，东盟必须针对生物多样性保护和气候变化议题进行关联研究和探讨。

外来物种入侵

导致生物多样性损失的主要原因包括外来物种入侵，“全球外来物种入侵项目”研究结论表明，全球由于外来物种入侵导致的损失成本每年大约在 1.4 万亿美元。外来入侵物种也是使环境变化的主要原因，外来物种入侵严重地制约人类在环境保护、经济增长和可持续发展方面做出的努力。

野生动物非法贸易

非法野生动物交易者一直将东南亚地区作为他们的对象地区。由于目前世界上野生动物贸易利润非常高，所以目前初步估计有一亿多只动物被捕猎，每年非法贸易量在 100 亿～ 200 亿美元，而野生动物非法交易者的主要目标地区集中在印度尼西亚、马来西亚和缅甸，其中野生物种交易，包括非法砍伐树种，非法捕捉鸟类、爬行动物以及哺乳动物，一些物种由于非法交易造成物种濒危，尤以穿山甲受非法交易迫害最为严重。

遗传资源退化

作物和牲畜的遗传多样性也越来越受到人们的关注，这是由于我们对热带农业和生物多样性的信息缺乏了解造成的。其他导致生物多样性损失的原因还包括大规模采矿、人口增长、人口结构变化，例如农村人口向城市的迁移，以及保护标准的执行力问题。

（二）生物多样性管理：东盟响应措施

东南亚的生物多样性保护工作取得了一定进展，东盟成员国向生物多样性公约秘书处提交国家生物多样性国家报告，扩大陆地和海洋保护区面积。在应对生物多样性损失和威胁方面，东盟地区正在积极应对，但进展比较缓慢。

东盟在生物多样性管理领域的政策响应还包括将东盟社会文化社区蓝图列入

《2009—2015 年东盟路线图》政策文件中，并制定了计划和宣言，如《东盟遗产公园和保护区宣言》。在国家层面，东盟向成员国提供政策和技术支持，帮助成员国履行对《生物多样性保护的公约》等多边环境协议做出的承诺。

东盟现阶段主要开展的项目有“东盟遗产公园”。1983 年，东盟成员国提出制定东盟保护区建立和管理的指导原则，1984 年《东盟遗产公园和保护区宣言》获得通过，并建立了东盟遗产公园，提高人们的认识和对遗产公园的鉴赏水平。东盟现已建立了 30 多个东盟遗产公园，该项目促进了东盟成员国在保护自然遗产领域的合作。项目秘书处设在东盟生物多样性保护中心，东盟生物多样性保护中心支持信息共享、愿意加强能力建设寻求以可持续发展的管理方式运营东盟遗产公园，东盟生物多样性中心愿意学习有关成功案例和实践经验。秘书处已经举办了两次会议，第一次会议于 2007 年在泰国召开，第二次会议于 2010 年在马来西亚召开。

东盟地区开展的第二个项目是大湄公河次区域生物多样性廊道倡议。该倡议项目旨在通过技术应用，在土地协调管理领域开展减贫工作，并恢复生态系统连接性和大湄公河地区生产率。该倡议参与国家包括印度尼西亚、马来西亚和文莱。

东盟生物多样性中心开展了海洋差距分析项目，该项目旨在保护珊瑚礁和海洋；研究了东南亚海洋保护区，引导人们关注海洋生物多样性；推出了《珊瑚三角倡议》，印度尼西亚、马来西亚、菲律宾、文莱等太平洋岛国参与了该倡议。

（三）生物多样性保护合作的机遇

第一，关键合作领域和生态系统保护领域项目，包括东盟生物多样性中心的倡导《珊瑚三角倡议》、大湄公河次区域的合作、东盟遗产公园项目。

第二，国家发展中生物多样性的主流化。东盟生物多样性中心正在与亚行、联合国环境署合作在东盟经济和生物多样性关联性方面开展研究，旨在寻找将生物多样性纳入国家主流发展中的途径，研究的相关报告和成果将会在项目完成后对外发布。

第三，生物多样性和气候变化知识。在德国相关机构的支持下，东盟生物多样性中心正在开展生物多样性管理和气候变化的联合研究。通过东盟遗产公园项目，结合相关科学和政策，建立一套科学指标体系，进一步认识生态系统退化和农村持续贫困的关系，致力于解决相关问题。

另外，为了进一步理解生物多样性和生态系统，可通过生态系统服务支付等项目对生物多样性和生态系统服务进行定量分析。目前，东盟生物多样性中心已经举办了 4 个与生态系统服务付费相关的区域合作论坛，同时，这些论坛也探讨和研究气候变化和生物多样性的关系。

生物多样性潜在合作领域还包括加强生态系统评估和管理能力，加强物种、栖息地和人类消费关联的管理；加强各层面可能出现的威胁及相关经验，完成在当地可行性强政策转化；支持起草生物多样性保护管理计划，向利益相关者传递和分享信息；森林管理和生物多样性的保护；管理生物多样性知识、创造和共享信息、经验和实践；海洋生态系统的沿海及海洋管理；开发生态系统服务付费领域项目，如生态系统评估、资源价值评估、生态系统服务付费框架、适应性管理、政府管理和制度安排等。

三、区域合作促进生物多样性 2020 年目标实现①

（一）区域生物多样性合作的重要性

为什么生物多样性如此重要？从《千年生态系统报告》中可以寻找答案，其中提及生物多样性具有向人类提供关乎人类生存发展的重要生态系统服务的功能。联合国环境规划署“生态系统服务以及生物多样性关系研究”结果也表明，生物多样性可为人类带来很多益处。目前，中国和东盟国家正在开展国家层面的生物多样性和生态系统服务研究。

全球生物多样性展望第三版（GBO3）的研究表明，生物多样性面临几大压力，包括栖息地变化、过度利用、污染、气候变化等。目前生物多样性减少压力增大，各国政府面临采取科学措施应对的重大问题，我们认为如果人类共同采取紧急而强有力的行动，是完全可以避免生物多样性流失，实现生物多样性保护的目标的。目前，全球各地均对生物多样性流失问题积极作出回应。在日本名古屋召开的《生物多样性公约》第十次缔约大会上通过了《2011—2020 年生物多样性战略计划》，其中这份计划包括 5 个战略目标和 20 个分目标，这 20 个目标涵盖了引发生物多样性变化的各方面原因。联合国已经宣布 2011—2020 年为生物多样性的十年。

与此同时，《生物多样性公约》通过了重要文件——《名古屋议定书》。该议定书规定遗传资源的获取和会议的分享机制，它属于开放签约，到目前为止已有 92 个国家签约，56 个国家审核通过。目前，东盟已启动审批程序。2012 年 4 月，部分国家决定建立政府间生物多样性平台，拟在科学和政策制定之间架起一座桥梁解决目前生物多样性保护遇到的问题，这种以科学为指导的政策制定方式是机制性的改进。

2012 年 11 月在印度举行的生物多样性公约第 11 次缔约国大会，将讨论如何调动各方资源，执行生物多样性的五个战略目标，即找出生物多样性流失的根本性原因；减少生物多样性所面临的直接压力，推动可持续利用；直接保护生态系统、物种以及基因的多样性；扩大生物多样性和生态系统服务的利润；通过参与规划、知识管理和能力建设加强执行力度。生物多样性战略计划是我们开展生物多样性保护工作的目标、任务，战略目标以及小目标、具体目标。表 2-1 列出了 20 项爱知生物

① 本章第三部分为联合国生物多样性公约秘书处蔡立杰在 2012 年中国—东盟环境合作论坛上的发言，有所删节。

多样性目标。

表 2-1　爱知生物多样性保护战略目标

战略性目标

（一）消除生物多样性流失的潜在诱因

1）到 2020 年，公众能够意识到生物多样性的价值，并采取力所能及的行动保护并可持续地利用生物资源。

2）到 2020 年，将生物多样性保护纳入国家和地区发展计划、减贫策略和国家财政规划中。

3）到 2020 年，终止、逐渐淘汰或修改不利于生物多样性保护的补贴等激励措施。

4）到 2020 年，政府、企业和其他参与者制订计划促进可持续生产和消费、将资源利用限制在生态环境可以承受的范围内。

（二）减轻对生物多样性的直接压力，鼓励可持续利用

5）到 2020 年，包括森林在内的所有自然栖息地实际损耗率至少减半，可能损耗率几乎为零，大幅度减少栖息地退化和破坏现象。

6）到 2020 年，可持续地管理和收获渔业资源，避免过度捕鱼。

7）到 2020 年，农业、水产业和林业用地得到可持续管理，生物多样性得到保护。

8）到 2020 年，将环境污染（包括过度施肥造成的污染）水平降到对生态环境和生物多样性有害的水平以下。

9）到 2020 年，鉴别外来入侵物种及其路径并按严重程度分级，对于严重入侵生物对其进行控制或铲除，同时阻断其入侵路径。

10）到 2015 年，对于珊瑚礁或其他因受气候变化和海洋酸化影响日渐脆弱的生态系统，将人为活动对其造成的压力降到最低，维持其完整性和各项功能。

（三）保护生态系统、物种和基因多样性，提高生物多样性地位

11）到 2020 年，至少 17% 的内陆水域和 10% 的海洋水域通过区域保护体系得到保护。

12）到 2020 年，已知濒危物种免遭灭绝，其保育地位（尤其是迅速减少的物种）得到提高和维持。

13）到 2020 年，耕种的植物物种、饲养驯化的动物物种和野生动植物物种的基因多样性得到保护。

（四）促进生物多样性和生态系统的惠益共享

14）到 2020 年，对环境有重要作用的生态系统及其作用得到保护和恢复。

15）到 2020 年，通过生态系统的保护和恢复，使生态系统自我调节能力得到提高，生物多样性对碳贮存的作用得到增强。恢复至少 15% 的已退化生态系统。

16）到 2015 年，《名古屋议定书》（关于获取遗传资源和公平公正地分享其利用所产生的惠益）生效并投入实践。

（五）通过参与规划、知识管理和能力建设，提高执行力

17）到 2015 年，各党派将《中国生物多样性保护战略与行动计划》作为一项政策工具，采取相关措施，落实这一与时俱进、高效参与的行动计划。

18）到 2020 年，本土社区和原住民的传统知识、创新和实践及其传统做法得到尊重。

19）到 2020 年，与生物多样性有关的知识、技术和科学基础得到完善，生物多样性的价值和地位、发展方向和必要性得到分享，并落实到实践中。

20）到 2020 年，为实现《生物多样性战略计划》（2011—2020 年）所筹集的来自各方的资金，其流动性大幅度提高。

（资料来源：2012 年中国—东盟环境合作论坛会议发言材料）

生物多样性公约第 10 次缔约方大会通过了爱知目标重要决议，并呼吁地区组织通过区域目标，同时“里约 +20”峰会在生物多样性方面达了成重要成果，会议重申了生物多样性保护目标，并强调和呼吁各国调动更多资源执行战略计划。

（二）生物多样性保护的合作机遇

爱知目标之一，较宽泛的生物多样性保护目标。

爱知目标之二，各国应合作制定政策，分享经验和最佳实践，并把生物多样性转变为国家和地方发展规划的一部分。

爱知目标之三，关于如何共同努力开发并分享政策框架，消除不利生物多样性保护的补贴，在这方面中国已经做了很大努力，相信东盟国家也有相应工作需要推进。

爱知目标之四，如何减少人类对生物多样性和生态体系的足迹。

爱知目标五到十，针对生物多样性所面临的挑战和压力，特别是外来物种入侵等问题。

爱知目标十一，建立跨边界保护区，目前已经有接壤的国家建立了跨国界保护区。

爱知目标十三到十六，关于遗传资源的获取和分享。中国和东盟都属于发展中国家，对于遗传资源、生物多样性获取、利益分享经验，可以知识共享。事实上，来自地方政府的代表，也在努力共同实现第十四目标和第十八目标。

最后两个目标是联合监测和信息分享。中国有很好的经验，中国—东盟环境保护合作中心具有该领域的优势。

“里约 +20”会议决定启动通过合作将生物多样性列为各国发展和可持续发展目标的程序，以推动生物多样性保护在各国的发展，与之相对应，各国也需启动响应程序以共同迈向可持续发展目标。

首先从某种意义上讲，生物多样性保护战略目标的实现，从国家的角度看主要面临执行困难，特别是目前北美、欧洲国家经济陷入衰退；其次，如何把爱知目标、可持续发展目标等国际目标转化为国内目标和行动面临挑战；再次，如何协调国家内部的行业、部门促进生物多样性保护目标实现面临挑战。最后，如何加强不同合作机制的统一性，满足不同国家的不同需求，适应各国首要任务，如何加强地区能力等方面均面临挑战。

第三章　中国和东盟生物多样性保护：政策和措施

一、中国生物多样性保护体系[①]

中国是世界上生物多样性非常丰富的国家之一，从保护国际所提供的资料中，可以很清晰地看到世界上重要的生物多样性保护的地区。在 34 个生物多样性保护重点地区当中，中国有 4 个。中国高等植物大概有 350 种，占世界高等植物种数总量的 52% 左右，目前中国的生物多样性也面临着很大的压力。

表 3-1　受威胁物种估量

	描述物种量 / 种	物种估量 / 种	受威胁物种量（2004 年）/ 种	受威胁物种比例 /%	受威胁物种比例估量 /%
脊椎动物					
哺乳动物	5 416	4 853	1 101	20	23
鸟类	9 917	4 853	1 213	12	12
两栖动物	5 734	5 743	1 856	32	32
爬行动物	8 163	499	304	4	61
鱼类	28 500	1 721	800	3	40
小计	57 739	22 733	5 274	9	23
植物					
苔藓类	25 000	93	80	0.5	86
菌类	13 025	210	140	1	67
裸子植物类	980	907	305	31	34
双子叶植物类	199 350	9 473	7 025	4	74
单子叶植物类	59 300	1 141	771	1	68
小计	287 655	11 824	8 321	2. 89	70

（资料来源：2012 年中国—东盟环境合作论坛会议发言材料）

表 3-1 的数据非常清晰地说明了生物多样性受到威胁的程度。

2010年在名古屋召开的生物多样性公约第十次缔约方大会共通过40余项决定，并取得《名古屋议定书》、“爱知目标”、“从承诺到行动”战略三大重要成果，其中十年生物多样性保护战略规划与 2012 年中国—东盟环境合作论坛密切相关。

以下介绍两个与生物多样性保护的支持性密切相关的案例。

① 本章第一部分为国际生物多样性计划中国委员会秘书长马克平在2012年中国—东盟环境合作论坛上的发言，有所删节。

（一）中国国家物种信息基础建设

中国国家物种信息基础设施是根据中国的新生物多样性保护规划成立的新平台（图 3-1），该平台主要有 6 个不同的物种，包括植物、动物、森林、矿产、教育的物种，以及自然资源保护物种等。

图 3-1　中国国际标本平台

首先，中国已经建立植物标本馆免费网站（图 3-2），该网站对物种种类、物种的分布、物种名录、物种图像、中国植物主要信息，以及其他各种物种资料等信息进行了共享，网页浏览者可以轻松获取这些信息。

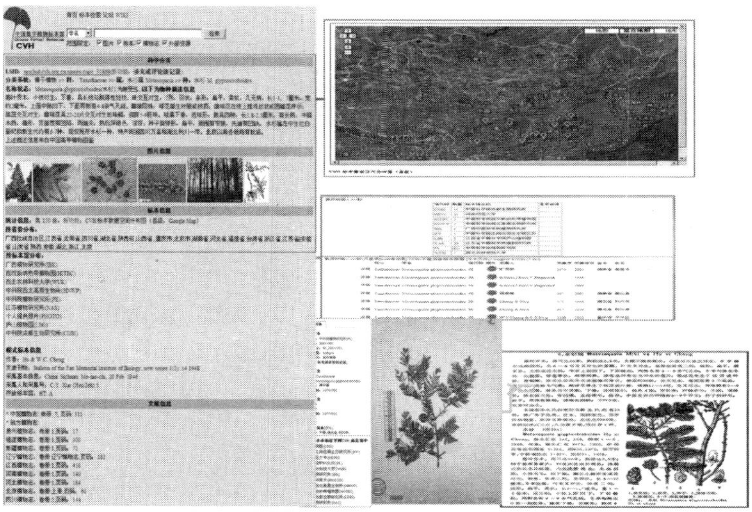

图 3-2　中国植物标本馆

（资料来源：互联网、2012 年中国—东盟环境合作论坛会议发言材料）

在这个平台当中，还设有较为专业的浏览工具，比如利用电子放大镜查阅植物细节（图 3-2），使用电子尺按照不同尺寸放大标本图片，使用电子尺测量标本等（图 3-3、图 3-4）。

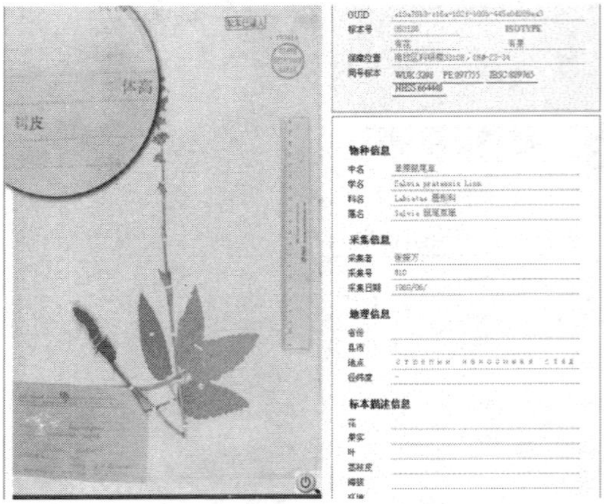

图 3-3　电子放大镜

（资料来源：2012 年中国—东盟环境合作论坛会议发言材料）

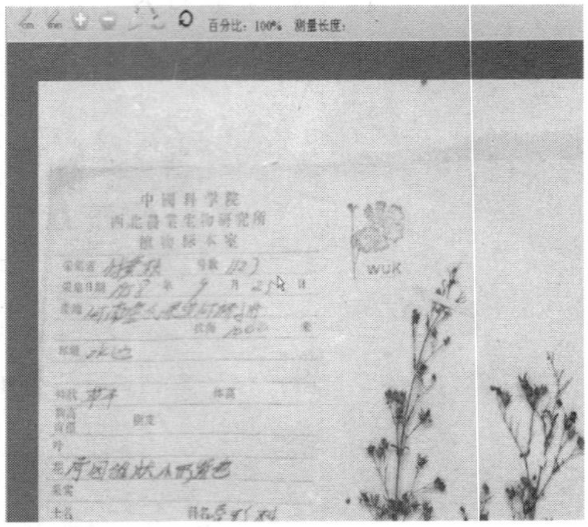

图 3-4　电子尺

（资料来源：2012 年中国—东盟环境合作论坛会议发言材料）

另外，系统还开发了记录设备，通过这些设备，可以方便快捷直接地记录野外调查信息，并通过网上工具立即传输到数据库中，如利用平板电脑就可以实现（图 3-5）。

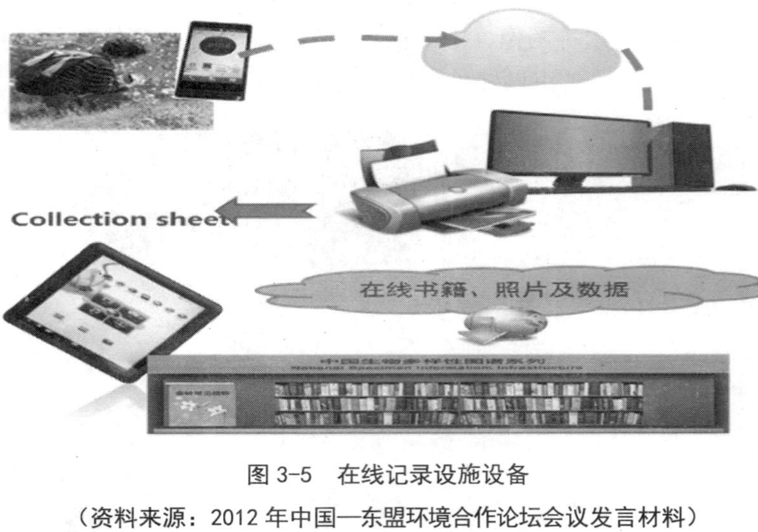

图 3-5　在线记录设施设备

（资料来源：2012 年中国—东盟环境合作论坛会议发言材料）

对于植物图像库来说，颜色非常重要，为了让读者看到最真实的植物图片，平台还设有中国植物图像库（图 3-6），大家可以看到不同植物的树形系统（图 3-7），查到它的属种、物种名，该系统同样可以查阅到该物种放大的照片。

图 3-6　中国植物图像库

（资料来源：2012 年中国—东盟环境合作论坛会议发言材料）

图 3-7　中国植物图像库树形系统

（资料来源：2012 年中国—东盟环境合作论坛会议发言材料）

读者也可以进入中国自然博物馆中的植物标本馆，查阅更新信息。该植物标本馆大概有 2 亿张不同的植物照片，读者可以通过这些照片了解到专家在野外工作的情况，通过全球卫星定位系统定位，还可获知当下地球上植物的存在及分布情况。

此外，读者还可以通过搜索，更便捷地从网上获取植物信息（图 3-8）。读者如需查询马铃薯的相关信息，可以用拉丁名、中文名或者俗名进行查询，即可看到关于马铃薯的各种不同图像和信息。

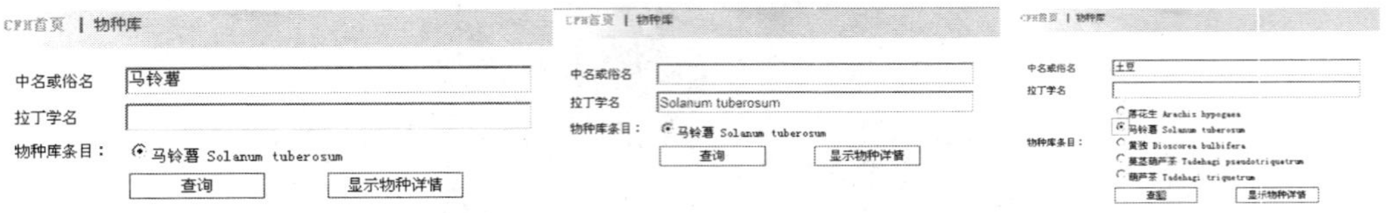

图 3-8 中国植物标本馆搜索功能

（资料来源：2012 年中国—东盟环境合作论坛会议发言材料）

在标本馆，读者还可以加入到寻找植物的过程中，如上传某一植物的信息或者照片等。在上传照片的过程中，还可以从标本馆提供的对照物种名录的树形系统中轻松找到植物对应的物种名，并放在相适应的位置上去。

在自然博物馆中，除了植物标本馆，还有动物标本馆，读者可以从网站浏览到各不同地理位置的动植物信息。在网站中可以搜索指定距离范围内的不同物种。生物物种是生物多样性最重要的组成单元，直接展示色彩纷呈的大自然神奇。物种名录是生物物种的核心信息，不仅在微观上描述了每个物种所在的分类学位置，而且从整体上揭示了全球或一个地区的生物多样性丰富度水平。

（二）物种 2000 中国节点① 建设

中国科学院生物多样性委员会于 2006 年建设的物种 2000 中国节点，是国际物种 2000 组织的五个地区节点之一。物种 2000 中国节点的目标是收集在中国分布的所有动物、植物、微生物和菌物物种的名录信息，形成中国生物物种名录，并向全球用户提供电子化形式的共享名录数据。其中，物种名录数据主要是指所有生物物种的科学名及它们所构成的分类系统等分类学基本信息，通常还包括相关的原始文献。自 2008 年，物种 2000 中国节点每年编辑并正式发布中国生物物种名录，中国也因此成为目前世界上唯一正式发布、定期更新生物物种名录的国家。从 2008 年开始，中国科学院生物多样性委员会组织建设的“物种 2000 中国节点”每年都编制《中国生物物种名录》并公开发布，其中包含 5 界 27 门的物种名录信息，物种总数达到 54 836 种，拉丁名 160 349 个。

① 物种 2000 中国节点是国际物种 2000 项目的一个地区节点，2006 年 2 月 7 日由国际物种 2000 秘书处提议成立，于 2006 年 10 月 20 日正式启动。中国科学院生物多样性委员会（BC-CAS）与合作伙伴共同支持和管理物种 2000 中国节点的建设。物种 2000 中国节点的主要任务是，按照物种 2000 标准数据格式，对在中国分布的所有生物物种的分类学信息进行整理和核对，建立和维护中国生物物种名录，为全世界使用者提供免费服务。

用户可以根据掌握的信息在网站查询更详尽的信息，如某物种在中国的情况等，可以清晰地看到中国豆类在中国的多样性情况，中国豆类也被列入到生物多样性的保护行动计划当中。

通过对信息进行相关研究，可以看到森林生物多样性监测网络的监测结果，并可实现在线监测。系统还可以查询并显示中国从温带一直到热带的植物生长分布情况如长白山植物分布情况、珠江古田山植物分布情况，属于亚热带森林的广东鼎湖山植物分布情况，属于热带雨林气候的西双版纳植物分布情况。

在“中国森林生物多样性监测网络”项目中对森林生物多样性监测地区的土壤进行了研究。我们研究了这些地区的土壤状况，显示2011年监测地区土壤里的含氮量情况，并对该地区种子情况进行了监测，研究发现在古田山区一个研究单位面积有169种不同的种子。这类监测地区项目设有500多个，收集这些信息，结合我们的监测设备，可以对这块森林进行动态研究。

建议各方共同建立中国—东盟生物多样性保护合作网络包括国际物种信息系统、世界自然保护联盟等国际相关机构，把中国和东盟地区连接起来。通过合作网络，我们可以了解目前生物多样性保护的首要工作，制作生物名录、需要进行检测的生物红色名录，以及开展相关能力建设等。建立生物多样性保护网络对整个区域的生态系统具有重要意义。

二、印度尼西亚生物多样性保护政策简介①

（一）印度尼西亚生物多样性概况

受地理位置影响，印度尼西亚是世界上超大的生物多样性国家，印度尼西亚海岸线达81 000公里，水域面积达5 800万平方公里，有13 000多个岛屿，这样独特的地理使印度尼西亚具有丰富的遗传资源和独特的物种。

印度尼西亚有90多个生态系统类型、35个林藻类物种、525种爬行物种，这使印度尼西亚在世界生物多样性领域扮演极为重要的角色。生态系统为人类提供了食物、药品、工业原材料等重要生活资料，同时生态系统对微观环境调节也极其重要。印度尼西亚在草药方面非常有名，这也依赖生物多样性提供的资源，属于生态系统的服务。

生物多样性潜在服务领域巨大，与之相伴的是我们正在面临的生物多样性流失等种种威胁。与其他国家一样，印度尼西亚也正在遭遇着不可持续的利用生物资源、非法砍伐、外来物种入侵、气候变化等问题和挑战（图3-9）。

①本章第二部分为印度尼西亚环境部部长维蒂亚·南朗先生在2012年中国—东盟环境合作论坛上的发言，有所删节。

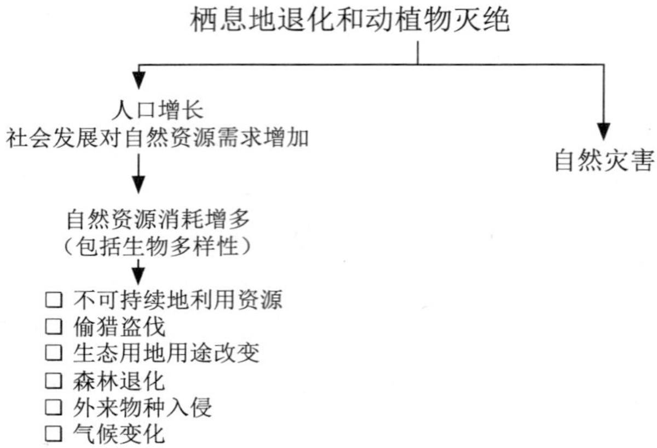

图 3-9 生物多样性面临的威胁

（资料来源：2012 年中国—东盟环境合作论坛会议发言材料）

目前印度尼西亚人口已经达到 2.5 亿，人口增长问题日益成为印度尼西亚生物多样性保护面临的重要课题，如何为下一代人提供充足的生产生活资源是我们需要思考的问题。

（二）印度尼西亚生物多样性保护政策法规

2002 年，印度尼西亚制定了“国家生物多样性保护战略计划”（简称 IBSAP），该计划是印度尼西亚 2003—2020 年关于生物多样性保护的重要文件。同时国际公约履约，特别是与生物多样性公约相关的履约，影响着印度尼西亚在生物多样性保护方面的政策框架（图 3-10）。

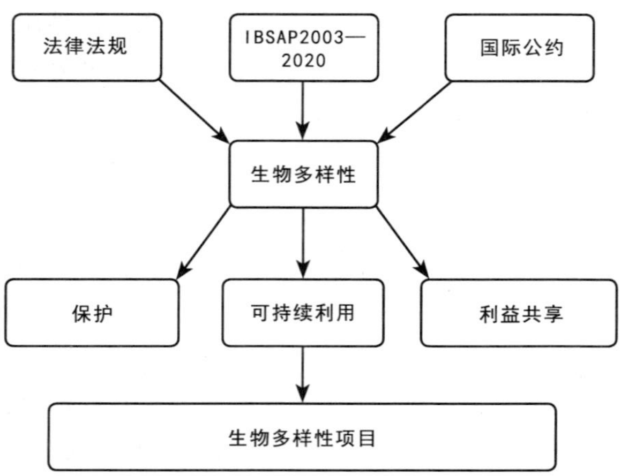

图 3-10 印度尼西亚生物多样性管理框架

（资料来源：2012 年中国—东盟环境合作论坛会议发言材料）

在这个政策框架中有三个重点问题，即保护、可持续的利用、获取与生物多样性利用享有平等惠益。该框架包含了开展生物多样性保护领域项目，印度尼西亚国家法规把生物多样性的保护分成三个层面，即生态系统、物种和遗传资源三个层次（图3-11）。

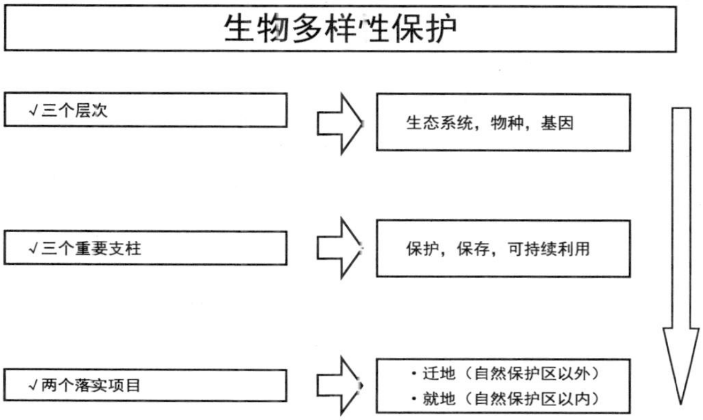

图 3-11　印度尼西亚生物多样性保护重点

（资料来源：2012 年中国—东盟环境合作论坛会议发言材料）

在印度尼西亚生物多样性保护体系中有三个支柱，第一个支柱是生命支持系统，印度尼西亚建立了生态保护区，保护森林，同时也保护沿海和湿地；第二个支柱是生物多样性保存，进行就地保护、迁地保护，就地保护包括国家公园和国家自然保护区，迁地保护措施包括植物园、生物多样性公园等。

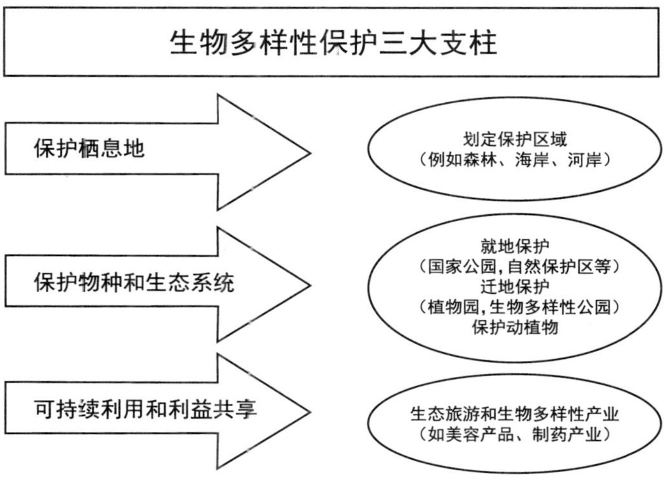

图 3-12　印度尼西亚生物多样性保护三大支柱

（资料来源：2012 中国—东盟环境合作论坛会议发言材料）

关于生物多样性可持续利用及平等惠益分享，印度尼西亚研究使用本国的方法。如开展生态旅游项目，建立生物化妆品、生物医药等基于生物多样性发展的行业。目前印度尼西亚已经建立了500多个保护区，涉及2 700万公顷的土地和500万公顷的保护区。在建立保护区方面，印度尼西亚已经达到了国家制定的保护目标，保护区面积占全国总面积的10%。在海洋保护方面，印度尼西亚还较为落后，所以印度尼西亚政府已经开始开发旨在实现海洋保护目标的项目和活动，未来印度尼西亚将建立2 000万公顷海洋保护区。

在生物多样性保护政策法规方面，印度尼西亚已建立了一套较为完善的法律法规，旨在保护生物多样性，包括通过监管保护濒危物种的生物多样性保护法规，以及保护遗传多样性的相关规定等。

在生物多样性可持续利用方面，印度尼西亚制定了三项重要法规和措施，即《可持续使用野生动植物法规》、批准名古屋议定书后的法律转化，以及可持续地使用遗传资源法律草案。这三项法规是相互补充和协同的，有利于加强立法力度，更加有利于遗传资源的保护。

印度尼西亚生物多样性保护政策还包括国家生物多样性战略和行动计划，该计划并阐述了生物多样性保护的政策方向，以及国家层面和地方层面共同采取的行动。这对国家、地方开展生物多样性保护活动起到了指导作用。我们希望利用更新的计划将该计划，并纳入2014—2019年印度尼西亚国家发展规划中去。

（三）印度尼西亚生物多样性保护倡议和行动

在印度尼西亚开展了很多的项目和活动，在这里重点介绍两个主要活动。

SEUC项目由地方政府负责实施，包括生物多样性简介、生物多样性公园、生物多样性管理规划、生物多样性概括四个子项目。其中生物多样性简介包括生态系统、遗传资源、物种等方面的信息和生物多样性利用的传统知识。该生物多样性简介可为印度尼西亚建立生物多样性数据库，并作为实施名古屋议定书的一部分。该数据库也可为决策过程提供支持，为制定政策提供支持。

生物多样性公园是在动植物领地之外的指定地区保护生物多样性的模式，生物多样性公园主要是保护比较脆弱、容易灭绝的特有本地物种。到2006年，印度尼西亚已有8个试点分别坐落在印度尼西亚的不同省份。生物多样性公园能够带来植物收集、建立遗传资源库、建立绿色区域等诸多益处。

印度尼西亚的国家生物多样性信息中心，是印度尼西亚提供生物多样性数据和信息的交流平台。图3-13是所覆盖的节点，包括研究性机构、政府机构、非政府机构等重要机构，也包括了生物多样性领域专家和环境保护工作者，图3-14是印尼信息中心的机制以及网站，在该网站可查阅到如生物多样性简介、生物多样性公园、国家生物多样性保护战略计划、名古屋议定书审批情况等印度尼西亚已发布的生物多样性保护项目相关信息。

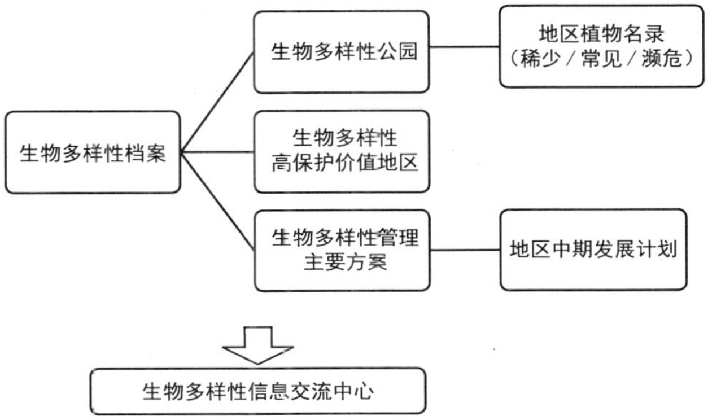

图 3-13　印度尼西亚生物多样性项目简介

（资料来源：2012 年中国—东盟环境合作论坛会议发言材料）

图 3-14　印度尼西亚生物多样性项目管理网站

（资料来源：www. indonesianchm. or. id）

“迈向绿色印尼”是印度尼西亚开展的另一重要项目，该项目于 2006 年启动，为激励地方政府开展环境保护工作，印度尼西亚环境部向地方政府颁发奖项。如果地方政府能够体现其在保护生物多样性方面做出的良好工作，并遵守相关的保护生态规章制度，能够控制环境的恶化，即可获得该奖项。“迈向绿色印尼”项目旨在为增加印度尼西亚植被覆盖率、增加社区福利、增强气候变化应对能力。

三、老挝生物多样性保护政策措施[①]

（一）老挝生物多样性保护政策

老挝自然资源环境部推出了一系列生物多样性保护项目和倡议。从政策的角度讲，1987 年老挝加入世界遗产公约，1995 年加入联合国气候变化框架公约，1996 年加入生物多样性公约，2004 年加入 CITES 议定书。老挝通过《森林法》、《环境法》、1993 年的总理令、1996 年《水和水资源法律》等一系列国内法，加强国内生物多样性保护，实现可持续发展。在生物多样性战略和行动方案方面，老挝制定了全国社会经济发展计划、全国经济战略、全国教育行动方案，并推出了针对北方省份生物多样性保护的宣传教育方案。

（二）老挝生物多样性面临的主要问题及成绩

目前老挝面临的主要环境问题仍然是森林的消失和退化，主要是由于自然森林被转为农用地、商业种植场，以及基础设施开发用地等，过度砍伐也是老挝森林退化的主要原因之一。

老挝的森林分三种类型，生产型森林 310 万公顷、生态森林 350 万公顷、保护林 610 万公顷，其中森林保护林 303 座，22 座被列为国家级保护区，6 座国家保护区正在制定生态保护管理方案。在印度支那生态热点地区共有 5 座生态区，其中 4 座在老挝境内。

根据世界自然保护联盟（IUCN）的分类，老挝将生态保护系统分为六类，第一类为“严格自然保护区”，而老挝国家保护地均属第四类保护区，在第四类保护区可对自然资源开展可持续利用。老挝国家拥有生态林 470 万公顷，其中 24 座生态林属国家级共 380 万公顷，省级生态林 73 座，区级生态林 138 座。老挝和越南接壤的地方也建有保护区。老挝物种多样性丰富，拥有超过 100 种哺乳动物、鱼类资源超过 1 200 种物种、爬行动物和两栖动物类资源 166 种、700 多种鸟类、8 000 ～ 11 000 种植物。

（三）老挝生物多样性保护项目、行动计划和倡议

老挝拥有生物多样性走廊，并推出了《生态保护区生态走廊倡议》。该项目得到亚洲开发银行的支持，属湄公河次区域开发的一部分。老挝有很多鸟类保护区，在老挝北部开展了老虎保护项目，中部、南部和北部设有大象保护区、麋鹿保护项目、

① 本章第三部分为老挝自然资源和环境部处长程托内 • 冯氏泰在 2012 年中国—东盟环境合作论坛上的发言，有所删节。

鳄鱼保护项目和半鳄鱼保护区。

在机制安排方面，老挝在宏观层面设有中央政府管理，在微观管理层面由老挝地方政府开展具体管理工作。为实现生物多样性保护，老挝资源环境保护部开展了一系列生物多样性保护项目和行动计划，包括积极参与生物多样性国际公约、履行区域公约等。老挝通过加强中央、省、区三级的人员能力建设加强生物多样性保护管理，另外老挝还针对野生资源开发了一系列可持续利用的拓展项目。

四、菲律宾生物多样性保护政策措施①

（一）菲律宾生物多样性保护概况

菲律宾的生物多样性丰富，物种数量全球排名第五位，拥有野生动物 22 103 种，其中特有物种上百种，菲律宾特有鸟类全球排名第四位，爬行动物全球排名第六位；在菲律宾 20 000 多种蝴蝶当中特有物种占 70% 以上。全球 54 个红树林的物种当中有 40 多种在菲律宾。菲律宾海洋生物也非常丰富，全球 800 多种珊瑚虫，菲律宾占到 500 种，其中 21 种记录在案。菲律宾拥有 308 种淡水鱼，其中 48 种属特有物种占 16%，但有 25 种受到威胁，其中有 22 种特有物种濒危。在菲律宾有很多植物和动物非常特别，包括世界最大的鹰、最大的眼镜蛇、最小的鹿、最大的花、会飞的狐狸、云蝙蝠、最大的蛙类、鲨鱼、樱木等（表 3-2）。

表 3-2　菲律宾野生动物状况

分类	物种总数	常见物种数目
两栖类	109	88
爬行类	290	224
鸟类	576	257
陆地哺乳动物	188	111
昆虫	20 940	待定
总计	22 103	680

（资料来源：2012 中国—东盟环境合作论坛会议发言材料）

（二）菲律宾生物多样性面临威胁

菲律宾的红树林从 1918 年的 45 万公顷，已下降至目前的 17 万公顷，由于砍伐、破坏性捕鱼、污染、气候变化，很多自然栖息地受到破坏。菲律宾政府加入了联合

① 本章第四部分为菲律宾自然资源与环境部官员玛丽菲・卡斯蒂诺在 2012 年中国—东盟环境合作论坛上的发言，有所删节。

国气候变化公约，并于 2009 年出台了一系列措施，以应对气候变化对生物多样性产生的负面影响（表 3-3）。

表 3-3 菲律宾植物状况

植物	估计物种数目	常见物种数量
被子植物	8 120	5 800
裸子植物	33	未知
蕨类植物	1 100	285
苔藓植物	1 271	195
藻类	1 355	未知
真菌、霉菌、水霉	3 555	未知
地衣	789	未知
总计	16 233	—

（资料来源：2012 年中国—东盟环境合作论坛会议发言材料）

在气候变化方面，菲律宾制定了一系列政策。另外，菲律宾还积极采取措施控制非法捕猎。菲律宾总统颁布了一项国家绿色行动计划，从国家 23 号文件到 26 号文件，均旨在应对气候变化。

（三）菲律宾生物多样性保护的政策和倡议

菲律宾政府 23 号令规定，如果在菲律宾进行非法砍伐将受到严惩，该规定旨在保障生物多样性及保障物种栖息地的恢复。菲律宾政府还根据国家宪法建立生态保护区，并对保护区进行生态管理。1992 年菲律宾颁布 7586 号共和国行动法，这是菲律宾出台的第 16 个同类行动法。

菲律宾对自然资源保护和恢复开展的一系列措施取得了积极成效，目前菲律宾生态保护区面积进一步扩大，并对在保护区内设的核心保护区实行生态综合管理。2012 年 6 月，菲律宾保护地总面积达 240 公顷，占整个国土和水域面积的 14.16%。菲律宾一直以可持续发展为指导，采取谨慎态度，考虑生物多样性和气候变化，保护生物多样性和人类福祉。

菲律宾共和国 9147 号法案中还进一步规定了对野生动植物及其栖息地的保护措施。同时，菲律宾还颁布关于野生动植物采集和贸易的法律法规，指定野生动植物保护官员，促进生物多样性资源的可持续利用。菲律宾政府对不同保护物种设立了不同保护项目，如鹰保护项目、特有物种保护中心等。菲律宾利用国际资源，与国际组织、机构建立合作伙伴关系，保护不同物种，如菲律宾凤头鹦鹉保护项目，海龟保护项目等。

菲律宾颁布 111 号行动法案，旨在推动国家生态旅游战略的实施。菲律宾国家生态旅游战略通过协调各不同利益相关者，如菲律宾自然资源保护部通过与各地生态旅游发展机构签订合作备忘录，将当地社区及各级政府纳入战略中来。

菲律宾自然资源保护部通过与当地政府、机构合作，共同实施红树林恢复计划，并取得初步成效。截至目前菲律宾已恢复约 7 399 公顷的红树林。根据菲律宾 8850 号文件关于渔业的规定，政府对沿海生态多样性和湿地生态系统进行统一管理。另外，菲律宾还制定了一系列政策来保护岩洞和岩洞资源，建立保护岩洞的国家项目，管理保护和保持这些不同岩洞，目前菲律宾政府对已探明的 1 694 个岩洞进行了分类和针对性保护。

在生物多样性保护项目基础上，菲律宾还建立了信息分享和教育项目，对大众开展普及教育和宣传，使公众了解生物多样性及自然保护的重要性。这些教育项目旨在提高人们的环境意识，促进生物多样性保护。

五、泰国生物多样性保护政策措施①

（一）泰国生物多样性基本情况

泰国陆地面积为 13 115 平方公里，气候炎热潮湿，具有多样的热带生态系统。泰国的森林是其生物多样性的代表性区域，森林类型包括雨林、常绿林、落叶林、红树林、灌木和热带草原。泰国的本地物种多栖居于其淡水生态系统中，如河流、水库、沼泽和池塘。泰国海岸线长达 2 000 公里，包围了 200 多个岛屿。海岸线区域内有珊瑚、沙滩、泥滩和海草床。海洋生态系统位于半岛的两侧。农业生态系统占国家面积的 1/5，虽是人工建造，但也具有一些生物种类。

泰国拥有约 15 000 种植物，占世界植物种类总数的 8%。其中，维管束植物 11 000 种。

泰国的哺乳动物中至少 302 种是脊椎动物，42% 来源于地区南部，34% 来源于印度支那和印度次区域，其他 24% 来自亚洲大陆其他地区。泰国有至少 982 种鸟类、353 种爬行动物和 137 种半水生动物。泰国的水域中有约 2 820 种鱼类，占世界鱼类种类数量的 10%（表 3-4）。

表 3-4 泰国生物多样性状况

分类	物种种类数量	说明
哺乳类	302	
鸟类	982	
爬行类	353	
两栖类	137	
鱼类	2 820	淡水鱼 720 种，海水鱼 2 100 种
维管束植物	11 000	变种 41 200

（资料来源：2012 年中国—东盟环境合作论坛会议发言材料）

① 本章第五部分为泰国自然资源和环境部专家潘纽沃特·卡玛特查特在 2012 年中国—东盟环境合作论坛上的发言，有所删节。

（二）泰国生物多样性保护国家政策

泰国已制定第 11 个国家经济社会发展计划（2012—2016）（图 3-15）。泰国经济社会发展计划包括四个部分，第三部分着重提到了自然资源和环境管理的重要性。泰国生物多样性保护工作主要由泰国自然资源和环境部、泰国农业合作部和泰国科学技术部 3 个部门共同负责。泰国也制定了一系列与生物多样性保护相关的法律，如森林法案、渔业法案等。

图 3-15　泰国国家经济社会发展计划

（资料来源：2012 年中国—东盟环境合作论坛会议发言材料）

另外，泰国还制定了国家生物多样性战略与行动计划（NBSAP）等一系列生物多样性保护政策。2003 年泰国制定生物多样性保护行动计划时，还未签署《生物多样性公约》，该计划于 2012 年结束，政府已经着手制定第四个国家生物多样性战略和行动计划。在第四个行动计划中，确定了国家目标，同时纳入爱知目标，目前该行动计划已经提交至泰国政府内阁进行审批。

在生物多样性工作方面，泰国还存在很多不足，包括公众意识缺乏、缺少绿色产品、缺少生物多样性知识，为此泰国政府建立响应机制，以改善上述不足。首先泰国政府建立了 CEPA 机制，把生物多样性保护各利益相关者纳入进来统一考虑；针对缺少绿色产品这个问题，泰国政府为企业制定了生物多样性保护指南；针对生物多样性知识缺乏，泰国政府建立了研究指南，对研究人员和机构进行相关指导。目前，该指南已经提交至政府内阁等待批准（图 3-16）。

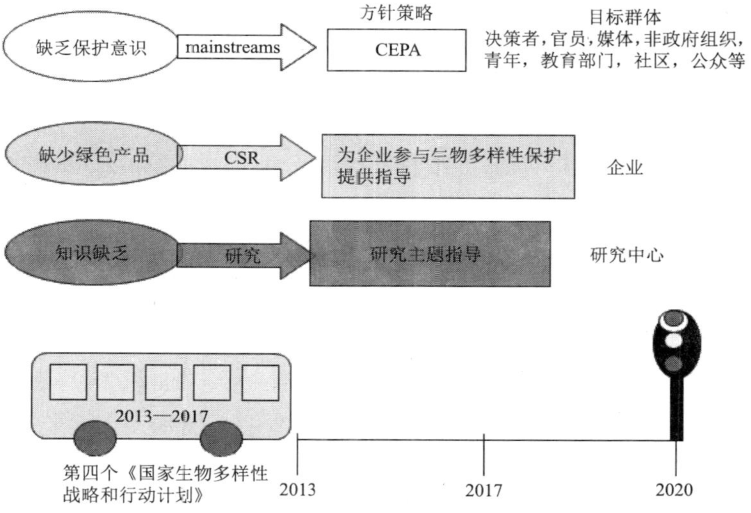

图 3-16　泰国生物多样性保护工作现状

（资料来源：2012 年中国—东盟环境合作论坛会议发言材料）

（三）生物多样性保护的国际合作

泰国是东亚与澳大利亚的飞行通道，从西伯利亚到澳大利亚必经泰国，又由于泰国介于中国和东南亚之间，所以泰国是非法野生动物贸易的重要通道，为打击非法野生动物贸易，泰国已同其他东盟成员国达成协议，建立打击非法野生动物贸易机制，同时泰国还和中国开展了相关技术合作。

泰国和中国还在迁地保护濒危物种项目方面开展合作。2008 年泰国从中国引进两头大熊猫，两年之后，产出一头小熊猫，2010 年恰逢国际生物多样性年，因此这头大熊猫已成为动物园的超级明星了。

对于未来，泰国希望参与更多的合作项目，并在重要生物多样性地区开展生多保护项目。此外，泰国还希望开展能力建设合作和联合研究项目。

六、柬埔寨生物多样性保护政策措施[①]

（一）柬埔寨生物多样性简介

柬埔寨是东南亚大陆濒临泰国湾的一个国家，总面积 181 035 平方公里，属季风气候，有两个不同的季节：干季和雨季。根据柬埔寨第四次调查，柬埔寨拥有 2 308 种植物，7 座国家公园，10 座野生动物保护区，3 座风景保护区，3 片多重使用地区，6 座森林保护区。

柬埔寨拥有 123 种哺乳动物、545 种鸟类、88 种爬行动物、2 308 种维管束植物、874 种鱼类、70 种硬珊瑚、8 种海草和 63 种两栖动物。在 900 种记录在案的鱼类中，490 种为淡水鱼（归属于 64 科），410 种为咸水鱼（归属于 83 科），其中 22 种鱼正在受到威胁，1 种是本地特有物种，还有 13 种是外来物种。

柬埔寨的保护区系统由 7 座国家公园（面积为 7 422 平方公里）、10 个野生动物保护区（面积为 20 300 平方公里）、3 座景观保护区（面积为 97 平方公里）、6 座保护林（面积为 13 500 平方公里）和 8 个鱼类保护区（面积为 235 平方公里）组成。

从生物地理角度看，柬埔寨是湄公河和洞里萨湖沿岸的低地，人口集中，耕地面积广大。柬埔寨西南部、北部和东北部山地人口密度较小，森林资源丰富。20 世纪 60 年代，柬埔寨国土大约 3/4 面积是森林和丛林，因此可以说柬埔寨是东南亚最绿色的国家之一。柬埔寨的洞里萨湖有丰富的生物资源，季节性洪水为种植水稻和养殖鱼类保障当地民众生产生活提供了充足资料。但由于柬埔寨连年内战，对环境造成了极大的毁坏。柬埔寨大量新木材工厂和沿海养虾池的建设造成森林过度开发，也使环境退化进一步加剧。

（二）柬埔寨生物多样性保护政策与措施

柬埔寨国家生物多样性战略和行动计划（NBSAP），于 2002 年 7 月获得国家批准。柬埔寨很明确在生物多样性保护方面的责任，并把国家战略重点放在自然资源保护、野生动物资源保护、沿海和海洋资源保护、林业和野生植物资源保护、农业和动物生产、能源和矿产资源保护与利用、工业技术和服务、环境安全、土地使用和规划、水资源保护、气候变化和生物多样性等领域。柬埔寨政府主要采取社区参与，开展立法和制度建设协调发展。

柬埔寨政府一直致力于生物多样性保护工作，柬埔寨环境部作为生物多样性保护工作的牵头机构，批准了生物多样性公约。柬埔寨环境部还与其他政府机构、非政府组织、私营部门以及利益相关者开展合作。1995 年，柬埔寨批准《生物多样性

① 本章第六部分为柬埔寨环境部代表斯瑞 • 孙勒昂在 2012 年中国—东盟环境合作论坛上的发言，有所删节。

公约》，为此政府制定了一系列实施公约的政策框架和行动计划战略，这些战略和政策旨在实现生物多样性的保护和可持续利用。柬埔寨政府制定的2009—2013年战略，包括了柬埔寨千年发展目标，其中就包括生物多样性可持续利用。

除了以上提到的跨部门政策，柬埔寨环境部还制定了一系列部门政策，2006年柬埔寨通过了《环境保护和自然资源管理法》、2007年通过《自然保护区法》、1993年创立和制定了国家保护区体系皇家条例、1999年发布了关于环境影响评估的条例、1998—2002年制定了国家环境行动计划、2004—2008年制定了国家环境战略计划等。

1993年，林业部门、政府在国家层面制定了林业政策以保护森林。1995年，柬埔寨农业、渔业、林业、经济和财政部对林业政策进行了联合评估，同时建立了由国家总理直接管理的国家委员会，对森林按照林业管理政策进行可持续管理。除了林业部门，柬埔寨渔业部也制定了旨在对生物多样性进行可持续利用管理的系列政策。2006年，柬埔寨通过了新的渔业法案，增加了家庭捕鱼方式，政府通过向农村社区宣传家庭捕鱼计划提高渔业者的生活质量。

在农业领域，柬埔寨还制定和通过了《农业部门战略发展计划(2006—2010年)》。同时，还在农林渔业推广使用改良的种子和有机化肥。水资源部门建立了水资源和气象部，并制定《水资源管理法》，用于界定水资源使用者的权利和义务，另外水资源部门还制定了《湄公河可持续发展协议》和《农民水资源使用法》。

在旅游业方面，环境部和旅游部通力合作，共同制定生态旅游的发展战略，并开展了环境保护宣传教育活动。

柬埔寨不仅签署了《生物多样性公约》，还签署了其他的国际协议。2003年柬埔寨签署了《生物安全议定书》，并制定了《风险评估和风险指南》和转基因管理法律。此外，柬埔寨还签署了《湿地保护公约》《联合国气候变化框架公约》《联合国防治沙漠化公约》，以及《濒危野生动植物物种国际贸易公约》。在保护区管理计划方面，由于管理计划实施部门力度不够，非法活动未得到遏制。

柬埔寨生物多样性合作的优先领域，主要包括提高公众意识、增加相关生物多样性保护立法知识、增加政府及制度管理能力、增加利益相关者对公约及实施项目的了解和保护意识、加强当地生物多样性保护活动等，将生物多样性公约及相关保护项目主流化，加强从国家到地方的能力建设，增加地方社区的权利，增强区域合作的机制，加强多样化的管理，实现融资的多元化。

七、马来西亚生物多样性保护政策措施①

（一）马来西亚生物多样性简介

马来西亚分为13个州和3个联邦直辖区，其中11个州和2个联邦直辖区（吉隆坡和布城）位于马来西亚半岛，其他两州位于加里曼丹岛。根据马来西亚国家生物多样性指数评估，马来西亚是生物多样性大国，生物多样性丰富度位列世界第12位。

由于靠近赤道，马来西亚的气候造就了多种多样的生态系统栖息地，十分适宜物种生存。小至细菌等的微生物，大至哺乳动物、鸟类、鱼类等都可在此生存。马来西亚60%的陆地由森林覆盖，其中包含永久性保护林、国有林、国家公园、野生动物与鸟类保护区。其余40%土地用于种植农作物、橡胶树和油棕以及建造城市或其他用途。2007年，马来西亚宣布将14 300平方公里（占马来西亚陆地面积的43.3%）划定为永久性保护林，19 000平方公里（占马来西亚陆地面积的5.9%）为国家公园和野生动物及鸟类保护区，2 357平方公里海域为海洋保护区（图3-17）。

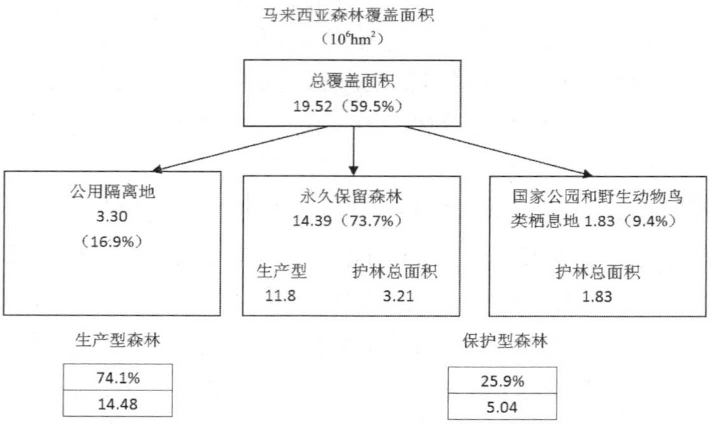

图3-17 马来西亚森林覆盖面积

（资料来源：2012年中国—东盟环境合作论坛会议发言材料）

马来西亚拥有约15 000种维管束植物，其中约8 300种位于马来西亚半岛，另12 000种位于沙巴和沙捞越两州。马来西亚半岛拥有229种哺乳动物，沙巴和沙捞越两州境内拥有221种，其中152种与马来西亚半岛上的种类相似。马来西亚境内有记录的鸟类有742种，归属85科，其中43种属本地物种。此外，还有242种两栖动物和567种爬行动物。有记录的咸水鱼约500种，其中400余种在沿海区域和

① 本章第七部分为马来西亚自然资源与环境部副处长莫哈•珊苏庭•苏蕊在2012年中国—东盟环境合作论坛上的发言，有所删节。

河口地区可见，另有450多种仅栖息在沙巴和沙捞越的近海区域。在昆虫多样性方面，沙巴和沙捞越两州拥有936种蝴蝶，马来西亚半岛拥有1 031种蝴蝶，沙巴拥有约1 700种甲虫。此外，有记录的蚂蚁有1 200种，蚂蚁标本有二十多万种。

（二）马来西亚生物多样性保护国家政策

1992年，马来西亚加入《生物多样性公约》，1994年国内批准该公约。此后，马来西亚在生物多样性保护方面进入新阶段，生物资源可持续利用取得了长足的进步。

马来西亚政府签约后，修改了国内相关法律，并制定了相关规章制度。1992年制定和通过了《国家林业法案》，并在1994—1997年对国家生物多样性情况展开了相关调查。

1998年，马来西亚制定了生物多样性国家政策，2009年制定和通过了生物多样性共同愿景，包括生物多样性的主流化、加强保护区、生态系统保护三大重要领域。2010年马来西亚修改了国家计划中森林保护相关内容。

马来西亚还在1996年通过一项保护区总体规划，并发动政府各部门参与合作。项目内容主要有生态创意、国际木材贸易组织计划。另外，马来西亚政府还与印度尼西亚政府、泰国政府合作开展了相关项目。

马来西亚包括国有土地上分布的永久保护森林区和国家公园在内，森林覆盖率接近60%。马来西亚政府对国家立法进行严格审议，以使法律反映国家在生物多样性方面的需求，如制定保护受威胁物种的法律等。

1984年马来西亚政府颁发《森林法案》，在各州都设有当地保护特定物种地方法案。2008年，为保护野生动物，马来西亚政府还制定了《濒危物种国际贸易法案》，该法案于2010年获得通过。

修改后的新法案，对野生动物非法捕猎和贸易制定了更加严格的惩罚规定，最高罚款达50万林吉特（马来西亚货币单位）、入狱5年。从受保护物种角度看，该法案规定超过以前的整合保护方案，马来西亚6个保护点中最大保护点在沙巴地区。1994年，马来西亚政府划定了面积为24 000公顷的保护区和面积为84 000公顷的湿地保护区。制定了以保护海岸、促进绿色发展为目的的红树林种植和保护计划。另外还有一系列具体的物种保护项目和计划，如国家老虎保护行动计划、大象保护中心等。

在马来西亚，国家生物多样性委员会是生物多样性保护政策制定的主要机构，该机构的主要任务是促进国家生物多样性保护。马来西亚国家规划方案有6个主题，自然资源生物多样性和环境保护也被列入主题之一，此举足以证明马来西亚政府对生物多样性保护和环境保护工作的重视程度。

在环境敏感区，规划土地使用和自然资源利用初期，就应该考虑生物多样性保护问题。马来国家方案第19项是专门针对马来西亚中部的森林规划的，该政策针对保护环境敏感区核心工作；马来西亚国家方案的第 20 项是保护敏感的海岸地区，实现海岸的可持续利用；马来西亚国家方案第 21 项针对高地保护；第 22 项针对海岛保护。马来西亚通过一系列开发项目，将这些生态保护区联系起来，以达到森林可持续管理的效果。

八、缅甸生物多样性保护政策措施①

（一）缅甸生物多样性保护简介

缅甸位于印度支那地区西北部，北与中国接壤，东南与老挝、泰国相邻，南边濒临印度洋和孟加拉湾，西与孟加拉国、印度相邻。缅甸森林资源十分丰富，主要河流沿岸的平原、高原形成独特生态系统，维系众多物种生存。缅甸特有的气候和地理条件，使得生物多样性丰富。

缅甸境内有 11 800 种裸子、被子类维管束植物，252 种哺乳动物，1 056 种鸟类、272 种爬行动物、82 种两栖动物、310 种淡水鱼和 465 种咸水鱼。记录在案的药用植物有 841 种、竹子有 96 种、藤类有 37 种。缅甸共有 43 座保护区，其中 34 座是山区生物多样性保护区。

（二）缅甸的生物多样性保护政策和倡议

缅甸分为西部山区、中部谷地、东部山区三个地区。1995年，缅甸通过了森林新政策，该政策由保护、可持续性、基本需求、效率、参与和公众认知六个部分组成。

缅甸最早通过的环境保护法律文本是在1879年通过的《野生大象保护法》；1902年，缅甸制定了《森林保护法》，1936 年制定《野生动物保护法》，1992 年通过了新的《森林保护法》和战略方案，1997 年通过缅甸 21 世纪日程，随后制定《2001—2030 年的全国森林总规划》《干旱地区绿色行动方案》，并制定了全国生物安全性政策（表 3-5）。

表 3-5　缅甸生物多样性相关法律法规

法律法规	年份	主要目标和宗旨
野生象保护法	1879	保证野生象数目不因伐木活动而减少
森林保护法	1902	由森林保护部负责野生动物管理
野生动物保护法	1936	确定并公布重点保护地区和物种
森林保护法	1992	确定并公布环境和生物多样性重点保护林区
野生动植物和自然地保护法	1994	落实保护动植物、自然地政策； 履行国际会议上承诺的义务； 进行相关研究
森林保护条例	1994	为生物多样性保护提供法律依据
森林保护政策	1995	为生物多样性保护提供法律基础
野生动植物和自然地保护条例	2002	保护自然生态系统和野生物种

（资料来源：2012 中国—东盟环境合作论坛会议发言材料）

① 本章第八部分为缅甸环境保护与林业部处长敏登在 2012 年中国—东盟环境合作论坛上的发言，有所删节。

缅甸森林类型变化多样，生物多样性、生态系统丰富多样。表 3-6 中列出的是缅甸各种主要森林类型及主要统计数据。永久森林有保留林、公众保护森林和保护区系统三种类型（表 3-7）。从长远看，缅甸保护区将扩大 30%，约有 6 个生物多样性保护区和 8 个生态系统。缅甸植物遗传资源也非常丰富，植物共有 11 800 种，但缅甸藤类等生物多样性资源正在受到威胁，缅甸的植物约有 38 种濒危物种。

表 3-6　缅甸主要森林类型

森林类型	典型降雨 /（mm/a）*	面积 /km²	占森林百分比 /%
潮汐、沙滩、沙丘和沼泽林	>3 500	13 750	4
山丘和温带常绿林	>3 000	89 378	25
半常绿和常绿林	2 500 ～ 4 000	55 004	16
落叶混交林	1 250 ～ 2 500	134 068	38
落叶龙脑香科树林	900 ～ 1 250	17 187	5
干燥林	< 900	34 377	10
休耕地	—	9 983	2
总量		353 747	100

（资料来源：*Kermode, 1964 cited by Kyaw （2003）；林业部（2010））

表 3-7　缅甸永久性森林地产

分类	面积 /km²	占总面积百分比 /%
保留林	122 317	18.07
公共保护林	44 198	6.53
保护区系统	35 107	6.67
总计		31.27

（资料来源：2012 年中国—东盟环境合作论坛会议发言材料）

缅甸动植物资源和保护区常被作为全球生物多样性的最后一道防线，目前缅甸约有 300 种哺乳动物、360 种爬行动物、10 000 种鸟类及 12 000 种蝴蝶，但森林退化严重，过度伐木，非法砍伐等屡禁不止。缅甸阶段性的滥伐森林的趋势明显（图 3-18），1989 年缅甸森林覆盖率为 59%，截至 2010 年已经降到 26%，生物多样性的威胁主要来自于自然栖息地转变其他用地、外来物种入侵等。缅甸已经制定国家生物多样性保护计划，加强生物多样性保护区建设和管理，采取可持续的森林管理方式对生物多样性区域开展积极的保护措施。

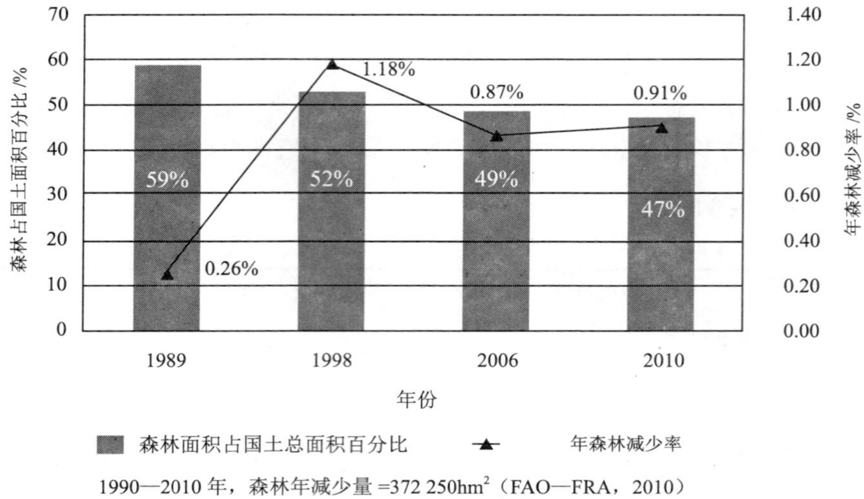

图 3-18　缅甸森林面积变化图

（资料来源：2012 年中国—东盟环境合作论坛会议发言材料）

缅甸有 36 座保护区，其中有 6 座为东盟遗产公园。在缅甸有很长的生物多样性保护史，早在 1920 年缅甸就开始了生物多样性保护，在 20 世纪 80 年代初期联合国开发计划署就和缅甸林业部门合作开展自然保护国家公园项目。

从图 3-19 可以看出，1920—2012 年生态保护区总面积的变化情况。

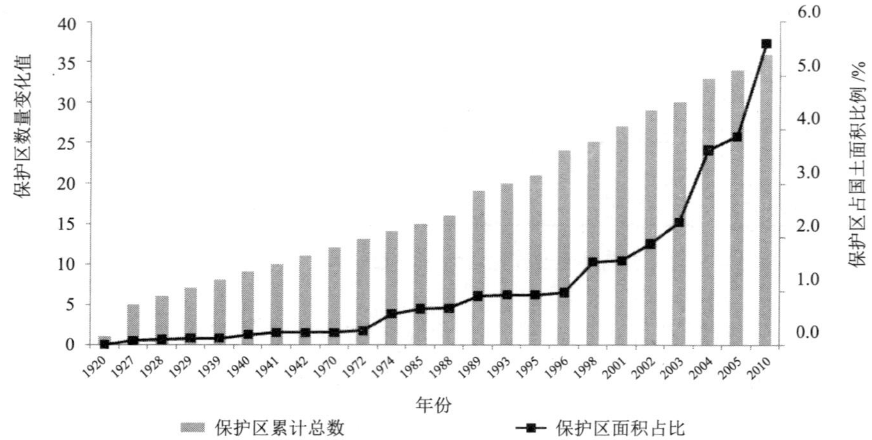

图 3-19　缅甸 1920—2010 年森林保护面积变化趋势图

（资料来源：2012 年中国—东盟环境合作论坛会议发言材料）

同时，缅甸政府还执行了很多国际协定、国际公约和国际议定书（表 3-8）。

表 3-8　缅甸签署的国际协定

	协议/协定/公约	时间
1	东南亚及太平洋地区植物保护协议	1969（R）
2	联合国气候变化框架公约	1994（R）
3	生物多样性公约	1994（R）
4	世界文化遗产公约	1994（R）
5	国际热带木材协定（ITTA），1994	1996（R）
6	濒危野生动植物物种国际贸易公约	1997（A）
7	联合国防治荒漠化公约	1997（A）
8	东南亚协自然及自然资源保育协议，1985	1997（S）
9	卡塔赫纳生物安全协定书	2001（S）
10	东协跨域霾害污染协定	2003（R）
11	东盟遗产公园宣言	2003（S）
12	关于特别是作为水禽栖息地的国际重要湿地公约，1971（1982 年、1987 年修订）	2004（A）
13	国际粮食和农业植物遗传资源条约	2004（R）
14	东盟生物多样性保护中心	2005（S）
15	东盟	2005（R）

R 为批准；A 为通过；S 为签署。

（资料来源：2012 年中国—东盟环境合作论坛会议发言材料）

表 3-9　与缅甸开展合作的国际组织

	国际合作
1	世界自然保护联盟（IUCN）
2	世界雉类协会（WPA）
3	史密斯学会（SI），美国
4	国际鸟类联盟（BI）
5	日本野鸟协会（WBSJ）
6	国际鹤类基金会（ICF）
7	国际野生生物保护学会（WCS），美国
8	加州科学博物馆（CAS），美国
9	全球老虎论坛（GTF）
10	全球老虎倡议（GTI）
11	野生动物和森林公园保护部（马来西亚）
12	奥地利国家历史博物馆
13	日本牧野植物园（MBK）
14	意大利 OIKOS 研究所
15	韩国国家生物资源研究所（NIBR）
16	野生动植物保护国际（FFI）
17	日本国际协力事业团（JICA）

（资料来源：2012 年中国—东盟环境合作论坛会议发言材料）

（三）缅甸生物多样性保护面临的挑战

在环境和生物多样性保护意识工作领域，缅甸还需要在知识宣传、野生动物知识搜集和了解、控制植物资源使用等方面加强工作。另外，在野生动植物非法贸易方面，缅甸缺乏法律执行力度；在环境管理方面，尤其是动物和植物管理不到位，导致很多问题无法解决。

从国家的角度看，必须首先提高生物多样性项目管理者和所有者的意识，才能进一步加强部门管理能力，增加生物多样性保护方面的预算和财政资源。缅甸还需要进一步加强有效、科学的陆地和海洋保护区管理，满足生态可持续发展需要，同时还需要加强法律法规执行力度促进生物多样性和绿色发展。

最后，生物多样性流失是全球面临的问题，这方面需要做出更多努力，加强能力建设、加强生物多样性保护管理。生物多样性是全世界的遗产，世界各国应加强合作、遵守承诺、遵守签订国际和地区性协议及各种条款，各国应不断分享生物多样性保护的经验，为全球生物多样性保护和绿色发展作出贡献。

九、新加坡生物多样性保护政策措施①

（一）新加坡生物多样性简介

新加坡属于热带岛屿城市国家，包含一个主要岛屿和约 60 个较小的近海岛屿。它位于赤道以北 137 公里处，北隔柔佛海峡与马来西亚半岛相邻，南隔新加坡海峡与印度尼西亚群岛相望。

新加坡拥有 22 座自然区域，其中包括 4 个自然保护区。虽然新加坡人口在 1986—2007 年由 270 万增加到 460 万，但新加坡仍然通过合理规划，将绿地覆盖率由 36% 提高到 47%。目前新加坡 10% 的国土陆地被划为公园和自然保护区。

虽然新加坡陆地面积较小，但是由于具有广阔的绿地和温暖的热带气候，新加坡的生物多样性十分丰富。岛上有 3 971 余种本地维管束植物、52 种哺乳动物、98 种爬行动物、28 种两栖动物、364 种鸟类和 295 种蝴蝶。

潮间带红树林与泥滩是百余种鱼类的栖息之所。海草场仍然存在，23 个印度 - 太平洋种中有 12 座可见于新加坡海域，有记录的海绵动物有 200 余种，硬珊瑚有 256 种。

① 本章第九部分为新加坡国家公园局高级经理穆斯林 • 安沙利 • 拉赫曼在 2012 年中国—东盟环境合作论坛上的发言，有所删节。

（二）新加坡生物多样性保护政策和倡议

早在1963年新加坡就开始制定生物多样性保护计划，在新加坡的大道边有很多多年生长树木，这些树木为鸟类提供了栖息空间。新加坡在城市规划中把不同的公园通过生态廊道连接起来，连接起来的生态森林网络大约有上千公里，在公园连通途径上，人们可进行马拉松、骑自行车、散步等休闲娱乐活动。新加坡从1986—2007年不间断地进行了卫星地形勘察，结果表明新加坡森林覆盖率从1986年的86%增加到2012年的87%，新加坡已经成为一个花园中的城市。

新加坡实行了国家生物多样性战略和行动计划，共包括五个战略：

第一个战略是生物多样性保护。在新加坡最主要的自然保护区间建立生态连接带，以保障动物能够在不同自然保护区间自由迁移，另外为进一步改善动物栖息地，新加坡政府在城市中建立了约3 000公顷的森林公园。同时，新加坡对红树林带进行了有效保护，如果大家去考察这些自然保护区可以了解到具体情况。

第二个战略是将生物多样性保护纳入政策制定和决策过程当中。在新加坡的Chek Jawa地区起初并不发达，后由于新加坡大学志愿者将他们调查和研究成果反馈给政府，并建议保护该地区自然资源和生物多样性，经过多年的努力，政府采纳了志愿者们的意见，并对该地区进行了有效的生态保护，目前该地区成为新加坡生物多样性保护较好的地区之一。

第三个战略是进一步提高生物多样性和自然环境知识的认知。如对新加坡进行较全面的海洋生物多样性调查，了解新加坡海洋生物多样性情况。该战略涉及大学、研究中心及社区，前后参加调查活动的有400多名志愿者，最终该研究结果对新加坡生物多样性保护起到了重要作用。

第四个战略是要进一步提高公众对于生物多样性保护意识的教育。新加坡的生物多样性保护机构正在走进社区，2010年，新加坡举行了一个摄影大赛，在该摄影大赛中收集了很多好的照片，这对于生物多样性的保护也起了很大的作用。

第五个战略是进一步加强各利益相关者之间合作伙伴的关系，进一步促进国际合作。新加坡很多环境组织、当地机构、非政府组织与国际组织开展了密切的合作，这些合作都促进了当地生物多样性保护。

（三）新加坡生物多样性保护措施

为了监测新加坡的生物多样性现状，新加坡建立了能够进行自我评估的城市生物多样性指数，以衡量城市生物多样性保护情况。在该领域，新加坡与国际机构合作，对城市生物多样性开展了相关调查。通过指数与世界其他城市比较衡量生物多样性保护情况来看，目前新加坡已经成为绿色的城市。

新加坡所采用的生物多样性指数是通过一个统一指标来衡量世界不同国家、不同城市的生物多样性保护情况。他们在不同城市召开专家研讨会，以了解不同城市的生物多样性情况。新加坡城市生物多样性指数作为量化工具，能够量化不同城市的生态环境状况。该指数可分三个不同因素的指标，分别为生态多样性、生态系统服务状况和城市管理生物多样性过程中的治理情况。因为不同城市情况不一样，我们这套指数是用于自我评估工具，而非用于不同城市比较的工具，通过这套指数工具我们可以不断地跟踪城市情况，从科学角度找到较可信的评估结果，进而采取相应措施以保护城市生物多样性。

新加坡召开了多个关于生物多样性的会议，而且很多城市都采用了新加坡城市生物多样性的指数，有很多政府和地方表示，希望在 2014 年执行类似的生物多样性战略计划。目前世界上已经有 70 多个城市使用了新加坡城市生物多样性指数，包括许多欧洲国家。

在过去的三年时间，新加坡城市生物多样性指数已经被不同城市的应用，并被翻译成日语、德语、葡萄牙语，新加坡正在寻求翻译成中文的合作伙伴。作为较宽泛的指数和生物多样性组成部分，新加坡城市生物多样性指数还可作为指南，计算生态系统服务以及生物多样性的经济价值，让国家、地方政府采纳该指数并作为开展生物多样性保护工作的衡量工具。

十、越南生物多样性保护政策措施[①]

（一）越南的生物多样性概况

越南拥有 32 万平方千米的土地，领土边界线长 1 650 千米，从北纬 8° 到北纬 23° ，越南有 3 260 千米的海岸线。越南的地形地貌和气候具有多样性，是生物多样性非常丰富的国家。越南拥有广阔的热带雨林和季风树林草原，海洋生物资源也十分丰富。沿海地区被起伏的石灰山分为东西两部分，东部是较为湿润的森林区，西部是较为干燥的湄公河盆地森林区，多样的栖息地十分适宜众多物种的居留。越南拥有全世界哺乳动物、鸟类和鱼类种类数量的 10%，境内 40% 的植物都是本地物种。越南种有许多重要的经济作物，如块茎类植物、茶和稻米——越南是世界第二大大米出口国，还养殖了很多家禽，如鸡、猪和鸭。这种自然和农业资源多样性的平衡体现了自然环境的独特性和几千年以来的适应、选择培育及饲养工作的成就。

截至 2006 年，越南的森林覆盖面积（包括自然林和人工林）扩大了 38.2%。森林分类划区也更加合理——目前有 20 000 平方公里的特殊用途林、50 000 平方公里的保护林和 80 000 平方公里的生产林。越南已在全国范围内的生态区域建立了一个由 128 个保护区组成的系统，总面积为 25 000 平方公里。

① 本章第十部分为越南自然资源与环境部处长陈玉强在 2012 年中国—东盟环境合作论坛上的发言，有所删节。

越南有 30 种湿地，20 种海洋典型模式，植物 11 458 种，动物 21 017 种，微生物有 3 000 种。

在遗传资源的多样化和驯化方面，越南是世界上 12 个植物种子及动物驯化中心之一。遗传资源多样化具有很高的生态价值，它能够保护土地、水和气候，并具有经济价值，农业产值占国民生产总值的 21%，林业产值占 GDP 的 1.1%，水产产值占 4%，另外越南还发展生态旅游业，生物多样性具有丰富的社会和文化价值，能为人民提供丰富的教育资源。

（二）越南生物多样性保护政策和举措

越南有一系列与生物多样性保护相关的法律法规，例如 2003 年的《土地法》《渔业法》，2004 年的《森林保护和发展法》，2005 年的《环境保护法》，2008 年通过了《生物多样性保护法》。越南 2007 年还制定了国家环境保护战略和行动计划，在这个行动计划框架下，越南开展了很多的生物多样性保护活动。

越南拥有 200 万公顷的保护区土地，目前越南森林覆盖面积有所增加，1995 年拥有 900 万公顷，2020 年计划增加到 4 500 万公顷。我们将把森林覆盖率从 2002 年的 35% 增加到 2020 年的 47%。

越南保护区面积占到国土面积的 7%，越南拥有 128 座保护区、30 座国家公园、60 座生物多样性保护区和 38 座景观保护区。越南还拥有海洋保护区，两座世界遗产公园和 8 座生物圈保护区。

在东盟国家，设有自然保护和生物多样性工作组，越南还参加了“东盟 +3”和中国—东盟所开展的生物多样性保护系列活动。

（三）区域生物多样性保护的机遇和挑战

随着气候变化日趋成为各国关注的焦点，区域生物多样性保护面临挑战，同时也存在机遇。东盟成员国和中国 GDP 快速增长，可为本区域生物多样性保护带来更多投资资金。东盟—中国生物多样性保护合作不断加深。

越南生物多样性保护目前主要面临人们绿色发展方面的意识不够以及改变发展模式的挑战。目前越南的发展模式过多地依赖自然资源，且自然资源利用效率低下，特别是生物多样性资源。目前，越南还在使用一些落后的生产技术，并给环境带来不利影响。另外，越南政府对绿色发展和生物多样性保护的投资远远不够。

越南有关人士认为应加强生物多样性和区域绿色发展相关培训性研讨会，建立生物多样性和区域绿色发展信息和经验分享和交流的网络。

第四章　建立伙伴关系，促进区域生物多样性保护合作

一、国际生态体系管理伙伴关系与东盟合作的潜力①

中国作为世界第二大的经济体，在南南合作中起到了很好的示范作用，中国希望在和其他的发展中国家进行的合作中实现互利共赢，在资金和技术等方面来帮助其他发展中国家，实现区域的环境共同利益诉求。除此之外，中国的生态系统研究网络（CERN）在过去的20年间取得了很多的经验，积累了很多的知识。特别是在一些领域，包括监控、研发、示范以及政策支持，中国生态系统研究网络已建立了40个站、5个次中心、一个整合中心，有2 000多名科学家。

国际生态体系管理伙伴关系（IEMP）是2011年11月启动的旨在建立国际生态领域合作关系和平台项目，项目资助方是联合国环境规划署和中国社会科学院。此项目是联合国环境规划署在南方国家进行的第一个合作项目，也是专门为南方国家所设计的项目，其主要任务是研究整合生态系统的管理与科学发现。

该项目主要专注于科学决策，即支持各国政策的制定和决策，对知识管理进行整合，同时进行监控和能力建设，支持关于生态系统的监督、研究和管理。项目下已实施的活动主要包括：2011年11月举办的讨论生态系统的管理和绿色经济方面的高层论坛，由中国科学院和联合国环境规划署共同召开，与会人员包括有200多专业人员和40多家媒体，会议成果被“里约+20”会议参考引用。2012年9月举办的生态体系的管理和绿色经济论坛。项目下已启动7个子项目，出版了8份政策文件，均被纳入联合国环境规划署的政策系列文件库。同时，项目也建立了一支专业化的研究团队。

子项目一是中国科学院的生态体系管理项目，投入资金150万元人民币。该子项目已经完成，目的是促进对生态体系和生物多样性的研究，以服务中国的发展策略，提高中国的研究水平，以及在生物和地球科学领域的政治影响，同时该项目也旨在传播中国环保经验和理念。

---

①本章第一部分为联合国环境规划署国际生态系统管理伙伴计划高级教授刘柏森在2012年中国—东盟环境合作论坛上的发言，有所删节。

图 4-1　国际生态体系管理伙伴关系出版物

（资料来源：2012 年中国—东盟环境合作论坛会议发言材料）

子项目二是中国科学院在非洲进行的一个项目，投入资金 100 万元人民币，该项目已进入到第二阶段，其目的是促进在非洲国家建立环境和资源中心。

子项目三是人才计划，投入资金 130 万元人民币，这个项目正在实施中，其目的是帮助年轻科学家成长。子项目四是国家自然科学基金会所赞助的一个非洲项目，其目的是对生态体系进行监测研究和管理的能力进行分析，投入资金 300 万元人民币，该项目于 2012 年 3 月赴卢旺达进行了考察。子项目五是为中国的南南合作在气候变化领域进行规划，投入资金 100 万元人民币，其目的就是要帮助发展中国家，特别是那些小岛国家、最不发达国家和非洲国家应对气候变化的挑战，也包括对这些国家的脆弱性所受影响和适应能力的分析以及技术转让，分享信息、知识、经验能力建设。子项目六是由中国科学院赞助的尼罗河项目，其目的就是要对尼罗河的河谷生态进行监测、分析，并提出政策建议。子项目七是加强能力、知识和技术支持来帮助脆弱的发展中国家提高应对气候变化的能力，投入资金是 539 万元人民币。

国际生态体系管理伙伴关系项目、中国环境能源网络以及中国社科院在合作中都发挥了重要作用，特别是关于地区的生态体系基础适应性的合作研究。该项目已在亚太地区以及在非洲有了一些区域合作网络资源。

如何促进绿色经济？如何在城市领域，通过对生态体系的管理促进绿色经济？这些都是该项目下研究的课题。目前项目已经吸纳了很多资深专家，还有一些博士后专家。有 4 名博士后的成员来自非洲，他们是从几百名申请者中挑选出来的，项目向他们提供了做博士后的机会，由中国社科院和项目资助。

该项目还和其东盟伙伴一起进行政策方面的研究。要想制定好的政策，首先需要有好的科学基础。例如在 2002 年 4 月，生物多样性公约的缔约国致力于在 2010 年显著减少现在全球、各地区、各国生物多样性流失的速度，并以此为全球的减贫和人类的福祉作出贡献。现在又增加了爱知生物多样性目标，特别是第 11 项目标，即 2020 年的时候至少有 17% 的土地和内陆河流以及 10% 的海岸和海洋地区，特别是一些对于生物多样性和生态的服务特别重要的地区都能够通过有效和公平的管理得到保护。但是，这个目标为什么定成 10%，不是 15%？如何确定这些比例，在不同的地区情况是不一样的。各国各地区在提出这个比例的时候有没有考虑气候变化的因素还未得知。

绿色经济要在可持续的发展和减贫的背景下进行，生态系统服务能发挥什么样的作用，此类问题可以参考"里约 +20"峰会的成果。而对于植物和动物分类方面的变化，已经造成了一定的影响，在过去的几十年，很多生物的生命周期出现了很大的变化，但是目前还没有被很好地认识。这对农业生产发展有什么影响，我们还不太清楚。经常提到的气候难民，那么气候难民在生物多样性的领域有什么体现？对此我们还知之甚少，所以这方面还有待进一步的研究。

二、国际合作与生态广西建设①

广西与东盟国家在生物多样性方面有诸多共性，例如生物多样性资源都较为丰富，经济发展都相对滞后，在环境与发展领域也都面临许多共同挑战。从广西自身环境保护需求来看，作为中国的西部地区大省，在生物多样性保护方面需要加强国际合作，学习其他国家先进的管理理念、经验和技术，通过与东盟成员国开展区域合作与交流，成为生物多样性保护的示范地区，通过建立伙伴关系，将推动区域经济社会环境相互协调融合，实现区域的可持续发展。广西在开展国际合作中具有以下特点。

（一）广西地理和区位特点

1. 地理位置与人口

广西南濒北部湾，东邻广东，西靠云南、贵州，北连湖南，西南与越南交界。是中国唯一临海的少数民族自治区。广西壮族自治区区域总面积为 23.67 万平方千米，占全国总面积的 2.47%，人口 5 159 万，有壮、汉、瑶、苗等 12 个民族，其中壮族人口占 1/3。

2. 区位特点

（1）广西背靠大西南，面向东南亚，和东盟国家陆地接壤，海洋交汇，河流互通。

① 本章第二部分为广西壮族自治区环保厅总工程师陈晓菲在 2012 年中国—东盟环境合作论坛上的发言，有所删节。

（2）广西地处华南经济圈、西南经济圈和东盟经济圈的结合部，是中国西南乃至西北地区最便捷的出海通道。

（3）广西具有沿海、沿边、沿江三位一体的持殊区位优势。

（4）南宁作为东盟博览会的永久举办地，随着中国—东盟自由贸易区的建立和泛珠三角区域合作的不断加强，已成为泛珠三角区域与东盟各国之间、粤港澳与西南各省市之间交流合作的桥梁和平台。

（二）广西生物多样性概况

1. 自然环境独特

广西拥有独特的气候和自然环境，北回归线横贯广西中部，自南而北依次为北热带、南亚热带、中亚热带 3 个气候带。广西山地和丘陵面积占全区土地总面积的 75%，石灰岩地区约占广西国土面积的 40%，是中国乃至全世界最典型、最集中的喀斯特地貌分布区域之一。广西西南石灰岩地区是中国生物多样性三大植物特有现象中心之一，也是中国 17 处生物多样性保护关键地区之一。

2. 物种多样性

广西区内已知的维管束植物有 8 562 种，陆栖野生脊椎动物有 1 145 种。物种总数仅次于云南省和四川省，居中国第三位，是中国生物多样性最丰富的省份之一。区内有国家一级保护植物 18 种（类）、二级保护植物 61 种（类），列入国务院 1998 年批准的《国家级重点保护野生动物名录》的动物有 142 种。

3. 生态系统丰富多样

图 4-2　广西山口红树林自然保护区

（资料来源：2012 年中国—东盟环境合作论坛会议发言材料）

广西有森林、草地、湿地、海洋等生态系统，沿海有红树林面积为12.56万亩，占全国红树林总面积的38%，居全国第二位，仅次于海南。特别地，位于广西北海涠洲岛周边海域的珊瑚礁是分布在中国最北面的珊瑚礁生态系统，具有重要的科学研究价值。

4. 特有物种多

广西境内有许多国家重点保护的濒危动物，例如东黑冠长臂猿、白头叶猴和鳄蜥等，重点保护的植物有德保苏铁、狭叶坡垒和海伦兜兰等。

图4-3 广西特有物种

（资料来源：2012年中国—东盟环境合作论坛会议发言材料）

5. 珍稀濒危物种多

广西拥有国家Ⅰ、Ⅱ级重点保护动植物250多种，列入世界自然保护联盟（IUCN）红色名录的有180种，其他的珍稀濒危植物有87种，如观光木、金丝李、金花茶组植物等；兰科植物有300多种，其中属特别珍贵的兜兰属植物有12种，占中国的50%，占全球的18%。

（1）珍稀濒危物种——白头叶猴

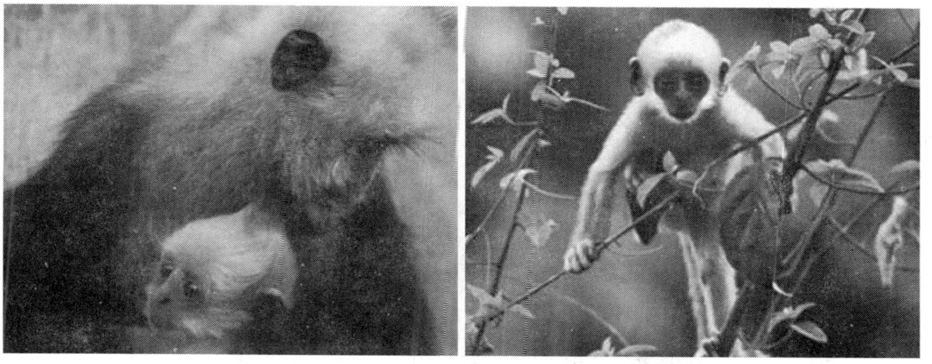

图 4-4　珍稀濒危物种——白头叶猴

（资料来源：2012 年中国—东盟环境合作论坛会议发言材料）

研究表明，白头叶猴目前在国外没有活体和标本，被公认为世界最稀有的猴类之一，仅分布在广西的左江和明江之间狭小的三角形地带内，面积不足200平方公里，据 2010—2011 年广西白头叶猴资源专项调查结果显示，白头叶猴种群数量目前仅有 120 群 937 只。

（2）茶族皇后——金花茶

图 4-5　珍稀濒危物种——金花茶

（资料来源：2012 年中国—东盟环境合作论坛会议发言材料）

金花茶，原产于广西防城港十万大山。20 世纪 60 年代在广西被发现，曾引起了世界植物界的轰动。金花茶是仅在广西生长的一种珍稀茶花品种，是中国仅有 8

种一类保护植物中的一种，具有极高的科研价值和观赏价值。

（3）恐龙时代活化石——德保苏铁

苏铁植物被誉为“植物界的大熊猫”，是现存最古老的种子植物和珍贵的“活化石”。目前世界上已经认定的苏铁种类共有100多种，其中中国就有20多种。德保苏铁是中国特有的国家一级保护物种，距今有约3.8亿年的历史。

图4-6 珍稀濒危物种——德保苏铁

（资料来源：2012年中国—东盟环境合作论坛会议发言材料）

6. 保护成效

（1）自然保护区建设

广西已建成78个自然保护区，保护区面积共145.90万公顷，占广西壮族自治区面积的6.1 %，其中有1/4的保护区地处石灰岩地区，保护了广西所有的典型生态系统和90%以上的野生动植物种群。

（2）广西野生动植物资源的情况

广西开展了野生动植物资源调查，重要野生生物物种资源原生地保护和受威胁状况调研，外来入侵物种调查以及重点物种及栖息地的调查监测，广西生物多样性评价等工作，基本摸清了广西野生动植物资源的分布情况。

（3）重要物种迁地保护

广西还相继建设了一批物种基因库、种质资源库、植物园、动物园、原良种场、繁殖场等迁地保护设施。实施了苏铁、兰科植物等人工繁育和栽培试验，完成了百色水利枢纽和龙滩水电站等大型水电工程水库淹没区珍稀植物迁地保护工作。

图 4-7　龙滩库区珍稀野生植物迁地保护工程

（资料来源：2012 年中国—东盟环境合作论坛会议发言材料）

其中龙滩库区珍稀野生植物迁地保护工程项目总投资近 1 500 万元，共计迁移保护各种珍稀野生植物 22 种 14 257 株（丛）。

图 4-8　龙滩库区珍稀野生植物迁地保护现场

（资料来源：2012 年中国—东盟环境合作论坛会议发言材料）

图 4-9　龙滩水电站水库淹没区珍稀植物迁地保护的物种

（资料来源：2012 年中国—东盟环境合作论坛会议发言材料）

（三）广西已开展的生物多样性保护国际合作项目

1. 广西忻城县喀斯特环境恢复项目

项目于 2001 年由中国政府与澳大利亚政府合作实施，以社区参与式方法在近 100 个项目村开展规划活动。其中包括植被恢复、沼气池建设、基础设施建设以及利用当地优势资源进行种、养、加（工）产业发展计划，并加以实施。通过 3 年多的项目实施，有效增加了当地居民收入，缓解了贫困，并使生态环境有所恢复，在广西产生了较大影响。

2. 扭转南中国海及泰国湾环境退化趋势国际合作项目

该项目由联合国环境规划署主持、全球环境基金（GEF）提供资助，南中国海周边 7 国（中国、越南、柬埔寨、泰国、马来西亚、印度尼西亚、菲律宾）政府共同参与。2002 年，其中的红树林、海草、滨海和防治陆源污染海洋环境 4 个专题涉及在广西进行项目示范和执行。2005 年 6 月，广西防城港市的红树林国际示范项目成为中国第一个红树林国际示范区。通过项目实施，进一步摸清了南中国海生态环境资源及其破坏程度，深入分析了海岸环境破坏及退化的原因，制订了一系列海洋与海岸带生态保护行动计划。

3. 中国—欧盟生物多样性项目（ECBP）示范项目

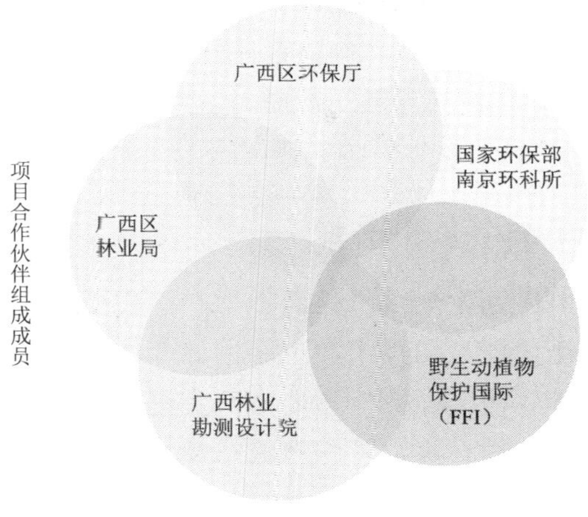

图 4-10 广西生物多样性合作成员组成

（资料来源：2012 年中国—东盟环境合作论坛会议发言材料）

2007 年，在欧盟的支持下，联合国开发计划署和广西壮族自治区环境保护局签订了赠款协定。项目投资约 357 万美元，其中欧盟赠款约 151 万美元，自治区提供配套资金约 206 万美元。该项目是广西第一个由地方政府、科研机构与非政府组织机构联合组织实施的项目。项目成果包括编写了广西西南部石灰岩地区生物多样性保护战略和行动计划、广西生物多样性环境影响评价指南；在项目示范区域通过建设自然保护小区、封山育林、建设沼气池、倡导生态农业和公众参与等方式，对生物多样性保护模式进行了创新研究。

图 4-11 专家实地调查，确定保护小区地点

（资料来源：2012 年中国—东盟环境合作论坛会议发言材料）

图 4-12 参与式实地调查

（讨论村民生计、边界划定、村规民约、护林员选拔）

（资料来源：2012 年中国—东盟环境合作论坛会议发言材料）

4. 中越跨境生物多样性保护廊道建设项目（GMS-BCI）

该项目由亚洲开发银行资助，2006—2011 年赠款 31 万美元用于能力建设和跨境生物廊道规划，促进了广西邦亮自然保护区的成立。通过参与式农村社会经济调查，完成了廊道地区土地利用规划和廊道设计方案。同时，还针对周边的村民和学校开展了生物多样性保护宣传教育活动，提高了当地居民的生物多样性保护意识。项目实施促进并加强了广西与次区域内东盟国家的交流与合作。

（四）国际交流和合作的重要意义

国际交流和合作对广西生物多样性环境保护产生了重要推动作用，既引入国外先进的生物多样性保护理念和技术，也向世界介绍了广西在生物多样性保护方面取得的进展，使广西生物多样性保护能力得到进一步提高，广西是中国—东盟的结合部，其独特的区位特点决定了广西跟东盟之间区域环境合作将会有更多可拓展的空间。

（五）广西开展生物多样性保护的经验

（1）广西与东盟国家共性：生物多样性丰富，经济发展相对落后，在环境与发展领域面临许多共同挑战。

（2）通过建立伙伴关系，促进区域环境保护合作，将推动区域经济社会环境相互协调融合，实现区域可持续发展。

（3）广西作为中国的西部地区，在生物多样性保护方面还需要加强国际合作，学习其他国家先进的管理理念、经验和技术。

（4）广西也愿意通过区域合作与交流，成为生物多样性保护的亲密合作伙伴。

三、生物多样性保护国际合作促进区域绿色发展①

2012 年是里约环境与发展峰会 20 年，也是《生物多样性公约》缔约 20 周年。20 年来，从确定每年的 5 月 22 日为国际生物多样性日、确定 2010 年为国际生物多样性年，到确定 2011—2020 年为联合国生物多样性十年，生物多样性从“日”到“年”再到“十年”足以说明全球面临生物多样性丧失的挑战越来越大，国际社会对生物多样性的认识越来越深刻，生物多样性在环境与发展中的地位越来越重要。生物多样性已经成为继气候变化之后的又一具有全球性环境与发展的热点问题。“中国—东盟环境合作论坛：生物多样性与区域绿色发展”选择生物多样性与区域绿色发展作为主题，非常契合当前国际社会的关注，同时也符合东盟地区人民的利益，是中国在生物多样性保护及促进区域绿色发展领域的又一丰硕成果。

① 本章第三部分为中国环保部对外合作中心副主任李培在 2012 中国—东盟环境合作论坛上的发言，有所删节。

（一）生物多样性保护国际论坛

中国环保部主办的生物多样性保护国际论坛，是由全球环境基金、中国生物多样性伙伴关系框架项目协办的，来自国内外200多位中外嘉宾广泛参与的专业论坛。中国生物多样性保护国家委员会秘书长、环境保护李干杰副部长出席论坛并发表主旨演讲。外交部、财政部等中国生物多样性保护国家委员会组成机构代表，联合国环境规划署、联合国开发计划署、《生物多样性公约》秘书处、亚洲开发银行等国际组织，以及相关国际合作项目执行机构、公民社会组织和工商界代表出席论坛。生物多样性保护国际论坛总结了中国与世界在生物多样性保护方面工作，取得三大会议成果。

第一，明确了生物多样性与绿色发展的方向。绿色发展需要遵循自然规律，充分发挥生物多样性提供生态产品以及生态服务的多重功能，加快经济社会发展的绿色转型，在社区、国家和全球层面上实现经济效益、社会效益和生态效益的多赢。

第二，推动了企业参与生物多样性保护的进程，被邀请的国有企业的代表——中国交通建设股份有限公司，私营企业的代表——万科地产有限公司，外资企业的代表——汇丰银行和港澳台的企业代表——大自然家居股份有限公司，共同签署了《致参与生物多样性保护企业倡议书》。希望以他们引领、带动更多的企业参与生物多样性的保护、可持续利用和惠益分享。

第三，开启了构建生物多样性合作伙伴关系的新航程，生物多样性保护国际论坛还邀请了3个国际组织、8个省（区）和10个项目机构，作为执行的全球项目基金中国生物多样性合作伙伴关系和行动框架下的国际执行机构、国内执行机构和实施机构，在中国生物多样性保护国家委员会的见证下，共同签署了《跨地区跨部门合作协议》，旨在构建伙伴关系、共享知识资源、信息资源和宣传资源，希望以此为引领带动地区间、组织间的深入合作，共促生物多样性保护。这在中国全球环境基金项目管理及中国生物多样性保护和发展实践中是一次创新性尝试。

（二）构建伙伴关系，深化生物多样性保护国际合作

深化生物多样性保护领域国际合作是推动国家区域乃至全球探索生物多样性保护的重要机制。为此中国环境部门开展了很多成功的国际合作，而且已经取得了积极的效果。

第一，在多边合作方面，主要是开发和实施了多个由全球环境基金支持的项目。前述的中国生物多样性伙伴关系和行动框架项目，在联合国开发计划署的支持下，已经在生物多样性主流化方面和合作伙伴方面取得了一系列积极的进展。此外，刚刚结束的我们与联合国环境规划署合作实施的“全球环境基金长江流域自然保护与洪水控制项目”，在中国两个面积最大的世界自然遗产保护地，进行综合生态系统

管理的示范。一处是在大熊猫的栖息地，也就是法国传教士阿尔芒•戴维德于1869年发现首只大熊猫的四川省宝兴县，通过项目促进，五年间生态旅游健康发展，每年的游客量从3万人次上升到101万人，旅游业成为了全县发展的支柱产业，效益是过去的68倍。围绕生态旅游的农林牧渔、民族文化等的开发，使当地居民的收入提升了一倍，而当地的环境质量成为全省第一位。另一处是连着“长江、伊洛瓦底江和湄公河并流”的世界自然遗产和“丽江古城”世界文化遗产的云南老君山，这里民族众多，还是滇金丝猴的家园，拥有候鸟南迁必经的高原湿地。通过项目促进，5年间生态旅游的健康发展使当地群众收入翻了一倍，生态旅游与生物多样性保护相互促进，受到了当地各民族的支持，项目的经验还在云南的西北生物多样性保护行动和高原九大湖泊保护中推广。

第二，在区域合作方面，主要开展了两方面工作。一是实施亚洲开发银行支持的湄公河次区域核心环节规划生物多样性廊道建设项目，目前一期已经结束，二期下个月即将在北京启动；二是推进履行公约的能力建设活动。2011年，环保部对外合作中心举办了亚洲区域更新生物多样性国家战略与行动计划研讨会，来自东亚、南亚、东南亚共23个国家的代表参会。为期9天的研讨会取得了很好的效果，推动了亚洲国家的履约进程。2012年3月，成功举办了中国—南盟国家编制实施生物多样性保护战略与行动计划交流活动。这也是环保部与南盟国家首次开展的环境领域培训交流，搭建起了区域合作的伙伴关系。

第三，在双边合作方面，与欧盟、意大利、挪威等国家开展了有效合作。其中，为期6年的中国—欧盟生物多样性项目，于2012年初刚刚结束。项目在中央层面开展政策对话、政策制定、机构强化、能力建设等活动，推动了生物多样性的主流化；同时开展了18个地方示范项目，在省级和地市级建立了创新的、可推广的机制，促进国际、国内、地方政府与非政府组织等建立多方伙伴关系，积极推动与生物多样性相关的法律、政策和规划制定。

（三）面向未来，与东盟构建伙伴关系

在东盟构建伙伴关系，深化生物多样性的合作方面，有三点设想。

第一，创新区域合作模式。环保部对外合作中心目前正在申请成为全球环境基金的国家执行机构，目前已经通过了第一阶段的评审，正在进入第二阶段的评审。可能在不久的将来，将会成为亚洲第一个GEF项目的国家执行机构。我们期待着发挥国际合作项目资源丰富、项目执行能力强、合作伙伴关系密切等优势，与有需要的其他发展中国家，开展“双边+多边”的合作模式，联合申请执行、实施全球环境基金项目，探索区域合作新模式。

第二，分享区域成功经验。亚洲很多国家，在发展阶段、国情、文化等方面，既有很大的共性又有很大的互补性。因此，在南南合作的框架下，大力开展知识合作，

扩大交流，增加培训，不仅具有可能性，而且具有可行性。此前，亚洲开发银行与中国财政部共建的区域知识合作中心正式成立，我们将发挥自身生物多样性公约履约经验，发挥良好的办公条件、项目资源和人力资源等优势，积极致力于区域内的经验分享。

第三，深化区域实质合作。做好 GMS 核心环境项目——生物多样性保护走廊倡议第二期框架，巩固和加强第一期项目取得的成果。中国会继续积极参与 CEP-BCI 二期框架文件和行动计划（2012—2016）的研究制定，与各国一道打造环境与发展南南合作的典范。随着 GMS 合作不断深化，中国将以 CEP-BCI 项目为核心，开展生态恢复与扶贫、森林生态系统与生物多样性保护、国际环境公约履约合作，并促进环境管理机构建设和能力建设活动，共同促进 GMS 地区的可持续发展。

四、推动区域生物多样性保护合作伙伴关系①

东盟地区的合作伙伴关系是以诸多不同的方式建立起来的，例如通过一些特殊的安排，通过多方的协调，或者是通过成员所促成的一些机制。在东盟地区建立合作伙伴关系的目的是能够分享资源，例如财政资源、人力资源、自然资源，还有一些创意的资源。同时，东盟生物多样性中心成立的目的是进行协调，能够获得经济发展以及生态资源方面的安全，同时在绝大多数情况下合作的目的还是提高东盟成员国的能力。这要通过实施一些主题活动，例如有一些环境保护合规方面的活动，生物多样性公约的合规方面、履约方面的活动，还有通过国家报告来实现，并且有的时候合作还可以用来解决一些特别问题，例如入侵物种、保护区的管理等。合作实施也可以按地理区域分，例如可能有一些次区域，比如珊瑚礁三角区，海龟岛屿，跨边界的保护区，还有东盟的遗产公园。

东盟地区的合作是非常必要的，由于地理位置比较接近，几乎拥有相同的生物多样性的资源，所以东盟地区所面临的是一些类似的问题，例如气候变化。生物多样性中心发表了东盟生物多样性的前景，从中可以看到有一些威胁，包括栖息地的变化、气候变化、外来物种入侵、过度开发污染和贫困问题。例如有一些河流、湖泊的生态系统受到污染。因此，就需要建立起一些论坛讨论这些需求，使各方有机会互相学习。

在东盟地区这些合作有很多优势，首先生物多样性中心有正式的组织架构，东盟是一个正式的组织，每件事都有联络人负责，既有中心的联络人，也有信息交流系统的联系人，而且东盟也组织成立了不同的工作小组，生物多样性中心本身就是自然保护和生物多样性工作组的成员，东盟和其他组织、其他国家、其他非政府组织进行了很多的合作。东盟有“东盟 +3”的机制，方便了解在哪些领域和其他国家

① 本章第四部分为东盟生物多样性中心信息管理处主任希拉•维加拉在 2012 年中国—东盟环境合作论坛上的发言，有所删节。

进行合作，包括环境和可持续发展领域。“东盟 +3”合作的基础就是我们组织的需求评估的研讨会，这样的需求评估指导如何在这三个国家建立起合作伙伴关系，并且在能力建设方面和这三个国家进行合作。

东盟生物多样性与中国—东盟环境保护中心开展了合作，具体由中方组织实施，由中国—东盟环境保护合作战略来帮助东盟成员国和中国协调环境保护方面的一些政策和活动。同时，也建立起生物多样性和环境保护、生态保护方面的意识。另外，东盟和日本的协作也有一些合作项目，其中一个就是东南亚生物多样性信息倡议。项目是通过几个论坛建立起来的，在论坛机制下由科学家交流本地的生物多样性方面的一些信息，同时我们也有区域的行动计划，它能够加强在分类方面的支持，从而能够增强在决策过程中的科学依据。东盟生物多样性中心还通过亚太生物多样性观察网络进行合作；同时进行经验的交流，包括在世界保护大会上进行了一些交流；和韩国也有一些正在讨论的合作项目。

东盟开展的另一重要活动就是与印度的合作，在过去 20 年的时间里这方面的合作一直在进行，最近建立起了一个传统知识数字图书馆，目的就是保存传统知识，防止生物多样性的滥用以及相关的传统知识被错误地使用。还有另外的合作项目，旨在增强东盟成员国的意识，让他们更好地理解生物多样性方面的产权，同时在社区的角度也进行了最佳实践的分享。在这方面，东盟有很多的跨边境的合作伙伴，而且建立了非常紧密的合作伙伴关系，生物多样性中心已经提出在大湄公河次区域东盟的成员国之间进行合作，保护大湄公河的生物多样性。自然保护和生物多样性东盟工作组也在进行协作，目前他们已经组织建立起了 30 个东盟的遗产公园，有 2 个正在筹备建立。

伯纳奥项目（BORNEO）有文莱、印度尼西亚等国参与，主要是保护岛上剩下的森林资源。还有一个是菲律宾、印度尼西亚和马来西亚之间的合作项目，主要目的是管理两个最大的生态系统：SULU 和 SULUC 地区的生态系统，该项目也是跨越了整个珊瑚礁三角区的合作。

菲律宾和马来西亚还有一个保护海龟的自然栖息地的合作，地方非常小，但却是非常重要的自然栖息地组成部分。生物多样性中心的项目还涉及珊瑚礁三角区，这几个国家进行合作保护该地区的珊瑚礁物种。这些国家能有 400 ～ 600 多种的珊瑚资源物种。

生物多样性中心同时和技术组织建立起合作伙伴关系，目前最大的伙伴就是生物多样性和气候变化项目，它坐落在菲律宾该中心的大楼里，同时该中心也和世界自然保护联盟，还有其他国际环境组织进行合作，并同他们共享数据库资源。

近年来，生物多样性中心取得了一些经验教训，比如领军者具有非常重要的作用，他们对于建立合作伙伴关系扮演了非常重要的角色，必须要建立起共识，必须要有科学决策的机制，同时要考虑各个国家不同的文化。在协作的过程中也学习到在进行保护方面的活动时，尊重所在国主权是非常重要的，在我们开展项目的时候要关注各个国家的主权，同时还需要能够高质量地及时实施项目。

关于生物多样性未来的前景，《东盟生物多样性的前景2015》是第二版的东盟生物多样性的前景。生物多样性中心还希望建立起东南亚传统知识的数据库，拟成立信息交换所，并希望能够建立起自给自足的东盟遗产公园，解决外来物种入侵问题，绘制外来物种入侵地图，同时生物多样性中心希望能够加强保护区网络建设，希望建立起在科学以及政策方面的一个界面，通过信息的传播和交流，促使合作伙伴能够和生物多样性中心共同推进伙伴关系建设，实现爱知目标。

五、世界自然保护联盟区域生物多样性保护合作①

世界自然保护联盟（IUCN）是一个国际组织，专职于世界自然环境保护。该联盟于1948年在瑞士格兰德成立。由全球81个国家、120个政府组织、超过800个非政府组织、10 000多名专家及科学家组成，共有181个成员国。该组织是一个较为松散的联盟，是世界最大、历史最长的自然保护的联盟之一。组织机构主要包括秘书处、成员国和成员机构，全球雇员为1 000人，主要资源来自于成员国以及成员机构，成员既包括国家机构，也包括非政府组织。联盟设有6个不同的委员会，拥有10万名成员，都是委员会的成员以及不同议题的全球专家，会员自愿参与委员会的活动。

该组织举办的主要活动是世界自然保护大会，每四年一次，最近一次是在韩国举行，与会人员达到1万人，其中包括来自153个国家的环保专家，会议期间还有众多平行活动。联盟新任主席来自中国，并希望以此来加强与中国在生物多样性领域的合作。

1948年，泰国加入该联盟组织，成为首批14个创始成员国之一。柬埔寨1958年加入。中国、老挝、越南、泰国、马来西亚都相继加入该联盟成为其成员，其他的一些东盟成员国也在考虑成为国家成员。目前该联盟有约30个成员组织分布于东盟国家，还有一些新申请加入的组织，有21个成员组织来自中国。除此之外，联盟中有几百名个人成员来自中国和东盟，主要是物种生存委员会以及保护区世界委员会这两个委员会的成员。该联盟在中国和东盟地区的主要项目保护红树林，作为海岸保护的一个旗舰项目，由联合国以及国际非政府组织和一些国家的政府进行合作，由挪威和瑞典政府赞助。 项目起因主要是在2006年东南亚的海啸之后，时任美国总统克林顿呼吁在沿海种植红树林防止海啸的影响。后来在2004年的海啸中受到影响的国家，都参加了该项目。越南、巴基斯坦、柬埔寨和缅甸也陆续参加

① 本章第五部分为世界自然保护联盟（IUCN）亚太区主任马瑟•朱利安在2012中国—东盟环境合作论坛上的发言，有所删节。

了进来。保护红树林的项目包括很多小的项目，例如提供小额资助，此外还有一些大型和中型的项目，有一些区域倡议，资金规模约为 30 万美元。

该组织未来还希望开展一些跨边界的合作，例如在越南北部和中国南方的沿海省份进行的合作，并表示愿意进一步地探讨越南北部和广西、海南这些中国南方沿海省份的合作。该组织另外一个主要合作主题是应对气候变化。项目希望能使沿海地区的人们和生态体系能够进一步提高他们的适应能力，来应对目前和今后的气候变化。该项目主要关注沿海地区受到威胁的物种，特别是对当地居民的生计以及生态系统比较关键的物种。有很多沿岸的居民养殖一些鱼类，较为常见的例如石斑鱼，但是海面温度如在 28℃以下，石斑鱼就开始死亡。通过案例分析，该项目评估认为，若采取一些基于自然的应对方式，在很多情况下生态系统在促进其适应气候变化方面所发挥的作用能够比人为的方法更为有效。该联盟通过对 80 位环境科学家为期四年对东盟国家 2 515 种物种的跟踪研究的评估，认为其中 13% 的物种正在面临丧失的威胁。该组织出版了一份关于红色名单的报告，内容就是在印、缅地区 2 515 种物种中有 13% 受到了威胁，有可能会灭绝。

该组织负责的项目关注淡水的生物多样性、重视淡水资源比较集中地区的水资源管理，特别是在湄公河流域改善民生和加强人类与生态体系的健康问题研究，以及生态多样性情况和物种生存情况研究。

该组织希望中国和东盟能够进行生物多样性方面的合作，合作调查和研究淡水的生物多样性，包括红河、澜沧江 - 湄公河，统计淡水物种的基本情况，加强能力建设，使相关地方能够对淡水的生物多样性进行保护，并通过区域合作来进行管理。

六、德国国际合作机构在生物多样性保护领域的合作[①]

德国国际合作机构（GIZ）在生物多样性领域或者在气候变化领域跟中国合作已有很长时间。生物多样性保护以及气候变化的适应或者减缓，已成为生物多样性领域的热门议题，德国国际合作机构将重点工作放在对气候变化的减缓方面。实际上作为应对气候变化的两个重大措施——气候变化适应和气候变化减缓，两个领域之间既有冲突，也有一定的内在联系。其研究认为适应方面相关的政策无论是从国家级的战略也好，还是从地方级的相应政策措施也好，相对于减缓来说都具有滞后性。针对气候变化减缓有很多措施，比如新能源建设等减缓性计划，可能会对生物多样性保护有非常重大的影响。

该机构通过国家、研究机构、地方执行层面等不同方式与中国开展合作。项目比较关注碳储存和生物多样性保护的平衡性，以及被保护主体、责任划分，并对整个地区具体的碳储存以及生物多样性的分布情况制图、测量，研究重点地区的生物

① 本章第六部分为德国国际合作机构王韵晟在 2012 年中国—东盟环境合作论坛上的发言，有所删节。

多样性的脆弱性以及对整个的管理机制做能力评估，并得出相应评估结论和策略。

在江西省的项目主要涉及三部分，一是通过一些关于土地利用的状况分析及现在植被覆盖的情况寻找保护重点以及细化的保护策略。主要做法是根据土壤碳汇、植被碳汇，识别江西省碳汇量的峰值地区，并进行优先地区分析，以及对植被高物种分布地区、脊椎动物高分布地区进行统计。通过这些分布区的叠加识别，对于最关键的保护区域，可能的碳储量最高及物种丰富度最高地区做关联分析。二是通过脆弱性的评估，找到气候变化直接相关的原因和人为的活动所造成的影响。三是根据综合数理统计和叠加，把保护区所面临的一些威胁跟人类个体行为联系起来，再通过结果链的分析，找出改进的区域和路径方法。

该项目江西省境内的三个示范点——南极湿地鄱阳湖、九连山和一个县级保护区，通过脆弱性分析识别出了当地保护区的生物多样性保护工作优先领域。通过结果链分析，与一线人员直接交流，增强了制定方案的实际可操作性，例如物种迁移问题，以及涉及的生态链建设问题。

七、中国云南：生物多样性保护在行动①

由于独特的地理位置和气候条件，云南成为中国乃至全球生物多样性最为丰富的地区之一，是中国重要的物种基因库。

（一）云南生物多样性的特点

云南地势北高南低，山高谷深，海拔高的地方达到6 000多米，地处东亚、南亚、青藏高原植物栖息的地带，特殊的地质地貌、奇特的地理条件、独特的气候环境孕育了丰富独特的生物多样性。云南的生物多样性和文化多样性、景观多样性交相辉映：云南有25个少数民族，有丰富的民族文化、乡土知识；在景观多样性方面，有高山峡谷、雪山冰川的壮丽景观，有热带雨林、火山地热的魅力景色，还有美丽的红土地和农业景观；在生态系统方面，云南拥有除沙漠和海洋以外的所有生态系统类型，包括热带雨林、阔叶林、针叶林以及高山的生态系统。

（二）云南生物多样性的脆弱性

云南生物多样性呈现种群小，数量小，生物种群的地理分布小，适应性差，抗干扰能力弱的特性。云南山高坡陡，水土流失严重，加上近几年的干旱等都对云南的生物多样性造成了威胁，致使其具有比较大的脆弱性。

① 本章第七部分为云南省环保厅副处长李进伟在2012年中国—东盟环境合作论坛上的发言，有所删节。

（三）已开展的生物多样性保护工作

（1）云南省人民政府多次召开保护生物多样性的会议。

2008年召开了丽江会议，建立了生物多样性保护的联席会议制度。2012年4月召开了西双版纳会议，发布了《西双版纳约定》，提出壮大绿色经济，强化保护地的管理。从丽江宣言到西双版纳约定，云南生物多样性保护工作开始进入新的发展阶段。

（2）扩大了生物多样性保护的重点区域。由滇西北的18个区域5个县，扩大到44个县，建立完善了相应的工作机制。

（3）增大了生物多样性保护的建设资金。各级财政持续加大对生态保护资金的投入，闽南省生物多样性保护基金会筹款3 000多万元，建立云南绿色发展基金会、西双版纳热带雨林基金会等。

（4）编制了各类保护的规划计划，实施了云南生物物种资源保护与利用规划等10多个规划计划，明确了牵头部门、责任部门，推进了贯彻落实。

（5）建立了生物多样性保护工作的协调机制，生物多样性保护联席会议制度，强化工作的统筹协调，同时配套和建立了联络员会议制度，专家咨询委员会制度，还建立了与非政府组织沟通合作的机制，听取专家组织和非政府组织的意见和建议。推进了政策法规的建设，云南省政府颁布了40多部生物多样性保护的政策法规和规章，开展了生态普查试点，推进了野生动物保险试点，建立了森林生态教育普查制度，加大了环境管理力度，出台了关于加强自然保护及建设的意见，到目前为止，全省共建立自然保护区192个，其中国家级19个，省级41个，总面积占全省国土面积的15%，初步形成了自然保护区、风景名胜区、高原湿地等主要形式的生物多样性保护网络，80%以上的生态系统和重要物种得到了有效保护。西双版纳加入世界人与生物圈保护区国家网络，滇西北的三江并流地带被列为世界自然遗产地，建成了中国大陆第一个国家公园，此外还建立了植物园，还开展了动物胚胎体细胞研究。扩大了保护领域，在城市生物多样性保护方面修订了城市立法树种名录，在极小种群保护方面制定了积极行动计划，启动了保护小区的建设试点。积极促进生物资源的合理利用，丽江、普洱等地直接发展绿色经济，促进药用植物的有效保护和利用；西双版纳、德宏等地加强生物产业的开发利用。科技支撑能力进一步增强，云南省环保厅与西南林业大学合作攻坚了云南省生物工作研究院，集中力量攻克了一批生物多样性保护的关键技术。深入开展宣传教育活动，建立了免费开放的宣传教育基地，开展形式多样的宣传教育，如大力表扬先进人物和典型事例，举办大型图片展等。对外交流合作不断深入，积极推进大湄公河与次区域的合作，与多个NGO组织开展了合作。

（6）明确了生物多样性保护的战略任务，建立健全生物多样性保护的长效机制，构建生物多样性的保护体系，加强生物多样性的保护能力建设，强化生物多样性保护与利用的科技支撑，促进资源的可持续利用，倡导民族传统生态文化，建立生物安全防范体系，动员全社会广泛参与。

为了落实战略目标和任务，云南省规划了优先保护区域，共分为6个一级区和18个二级区，总面积占云南的20%左右，并提出优先保护的九大领域和34个行动。

（四）云南生物多样性保护的未来重点工作

（1）跨境生物多样性保护。云南与周边国家河流相通，我们提出中、越、老三国共建自然保护区，以保护亚洲最大的热带雨林。

（2）农业的生物多样性保护。云南有200多个旱稻品种，将传统的农耕体系、农耕文化和加工技术纳入保护，使其成为云南农业生物多样性保护的特色部分。保护的重点是地方作物和品种品系，以及地理标志性产品。

（3）注重云南生物多样性与文化多样性的融合。做好生物多样性可持续利用与扶贫开发，生物多样性丰富的地方往往是云南发展相对滞后、生活贫困的边远地区，地区发展对生物多样性的依赖程度很高，同时生物多样性的利用也是区域发展的关键，开展生物多样性可持续利用与扶贫发展对于保护生物多样性具有决定性作用，将把生物多样性保护与解决农民生计相结合，实现扶贫开发和生物多样性保护的双重效益。

（五）加强云南与东盟国家的生物多样性保护合作

近年来，云南省在生物多样性保护领域与英国、荷兰、瑞典、泰国、亚洲开发银行、全球环境基金等相关国家、国际机构、国际环保组织开展了广泛合作，如与英国政府合作实施“云南环境发展与扶贫”项目、与荷兰政府合作开展“森林保护与社区发展”项目、与亚洲开发银行合作实施“大湄公河次区域生物多样性保护廊道建设”等。2010年在云南举办的滇西北生物多样性保护国际研讨会，结合“全球环境基金长江流域自然保护与洪水控制项目”开展的老君山和宝兴区示范区建设，围绕着综合生态系统管理、综合生态系统评估与规划、生态系统监测管理、生态系统服务与社区服务四个专题进行了讨论。云南正在通过开展国际合作，从寻找生物多样性保护和惠及区域经济发展的结合点入手，努力提高自身生物多样性保护水平。

第五章　生物多样性保护及合作成功案例

一、东盟生物多样性保护合作成功案例[①]

最佳实践，指的是一种有效实现某种特定目标的方法或流程。最佳实践是经过实践证明的有效方法，它可以是有利于组织整体绩效改进的创新性做法，可以是失败的教训和成功的经验，也可以是不断调整的适应性学习过程。一般来讲，它可以进行推广并适用于其他情况。下述的最佳实践主要分三类：采用环境友好的技术和政策，鼓励社区保护生物多样性、谋求自身福利，为区域和国际合作提供平台。

（一）案例一：结合特色生态环境，推动环境友好型发展模式实践

老挝有政策规定：旅游业，尤其是生态旅游，应当有助于改善贫困地区人们的生活条件，其范围不仅包括自然风光优美的旅游景区，还包括周边村庄；后者可以通过为游客提供饮食和纪念品等生态旅游产品致富，这叫做旅游扶贫。

旅游扶贫采用双管齐下的方法达到扶贫目的：发展包括景区内和景区周边两个以上村庄的旅游路线，这些村庄可以为游客提供住宿以及当地传统特色节目；在没有景区的落后村庄，致富的途径是建设农业手工业产品基地（如龙坡邦夜市）。

为了创收，这些旅游周边村镇不收取门票，当地人可以担任导游，提供交通运输，向游客下榻的村镇提供农业和手工业产品，举办当地传统产品文化展，刺激手工业和其他产品的销售。旅游扶贫不仅能在南河国家公园地区减轻贫困，也能加强周边村镇的团结和协作，保护当地的传统风俗习惯。

在马来西亚国家公园，居住着大约500名原住民。很多原住民已经迁到公园周边的社区，但还有一些仍然在马来西亚国家公园内保持着半原始的生活习惯。游客可以在原住民社区游览和逗留，了解他们的日常活动，例如进入森林寻找食物。原住民喜欢用长矛和喷枪等传统方式打猎，也可以教给游客如何用石块和树皮取火。原住民还可以为游客做导游，出售当地手工艺品。原住民珍爱、敬重森林，维持着这片地区的可持续性，森林就是他们的“超级市场”。

马来西亚国家公园管理局在生态旅游和其他活动方面与当地人合作并直接介入其中，培养人们对环保等问题的意识。

---

① 本章第一部分为东盟生物多样性中心专家莫妮娜·尤雷特女士在2012年9月18日2012年中国—东盟环保合作论坛：生物多样性和区域绿色发展闭幕式上的发言，有所删节。

当地人还可以通过节日和庆祝活动保护生物多样性。每年 5 月，文莱的杜生族人在墨林本湖集会，庆祝 Adau Gavoh 节。Adau Gavoh 节标志着收获季节的结束，杜生族人以此表达他们对丰收的感激之情。本着和睦团结精神来参加节日的不仅有杜生族人，还有其他民族和都东各行各业的人。这次集会也是各民族维持民族传统和文化地位的机会。

每年，菲律宾 Kitanglad 国家公园都会组织为期三天的 Kitanglad 节，包括公园护卫志愿者（KGV）在内的许多有关组织都会参与。KGV 大会是所有活动的重点，包括志愿者迎新会和专家学者关于保护公园的讲座。大会还为志愿者设立医学分会，供他们讨论重要问题。人们还在每次活动上为当地人举办歌手大赛，运动会和保留节目——Kitanglad 小姐选美游行。活动的最后，当地政府官员会为 KGV 成员颁奖，表彰他们的工作。这样的集会为少数民族提供了机会，使得他们对于传统和文化的认同得到进一步的加强。

（二）案例二：东盟国家保护区和原住民地区居民开展原生态的生物多样性保护活动

茵莱湖野生生物天堂因其独特的农耕方式远近闻名，而居住在湖边的茵达族人很久之前就开始使用这种农耕方式了。这里海拔 900 多米，当地人把草地从河岸“拔起”，形成浮岛，再把这些浮岛集中起来，用来种植水果、蔬菜和鲜花。

这一活动通常在 10 月至次年 2 月雨季过后进行，因为这时湖水水位最高，运送这些浮起的草地最容易。人们把土地分割再拼到一起，每家拥有固定的一块地，这些耕地还可以每年进行拆分组合。这中间的技术复杂极了，因为草木的根须必须精确切割，土地才能移动。这些浮岛厚度还必须达到 1 米，这样种下的庄稼才能丰收。大片的浮岛要 5 个专门负责搬运的人才能拖动。到达目的地后，浮岛用竹竿固定在湖底，然后撒上种子，像普通耕地那样耕作就可以了。湖中的藻类和其他当地资源则被用于肥料。用不了多久，这块薄薄的浮岛上就会长满土豆、番茄、南瓜、绿豆、豌豆、茄子和鲜花。多年来，茵达人学会了怎样与自然和谐相处；如果操作正确，这些浮岛能保持肥力 10 年左右。

浮岛有多种用途，种植的食物可以自己吃，供奉佛祖或卖给当地寺院。浮岛的一部分专门用于“黄金鸟的盛宴”，而大部分面积则用于种植粮食在当地市场售卖或用于出口。虽然这一传统展现出茵达人和大自然亲密的关系，但如今，从湖岸分离大片土地这一做法正威胁着茵莱湖的生态系统，政府部门现在正监督着浮岛上的所有交易，保证它们是适当的。这些都是为了保护茵莱湖地区的自然栖息地和生物多样性，同时保护给予茵莱湖的浮岛勃勃生机的茵达族传统。

马来西亚生态旅游的特点之一是它的寄宿项目，这一项目邀请游客来到当地人的家里，加深他们对当地文化的了解和欣赏水平。这不仅仅是提供食宿，还是生活方式和亲身体验的结合，并鼓励当地人参与到文化经济活动中来。不同的寄宿家庭根据其文化、饮食、经济活动和所在地区的不同，为游客提供丰富多彩的活动。这些活动包括：文化和生活——传统舞蹈、歌曲、美食、游戏和体育运动，婚礼和其他活动；经济活动——割胶、鱼类养殖、水稻、可可豆、棕榈油和水果种植等农业活动；休闲活动——穿越热带雨林、漂流、观赏萤火虫、参观生态旅游中心等；环境保护——寄宿项目包括 PAT 项目，即“种一棵树”，鼓励每位游客在寄宿地种植一棵树。

寄宿项目的内容随当地区位、文化而变。例如，Tanjang Karang Selangor 地区的农业旅游寄宿项目将农业作为旅游的重点。寄宿项目鼓励游客参与农耕活动。来这里一日游的游客可以参加亲自体验农业生产的项目，品尝当地米糕、传统大餐等美食，欣赏当地音乐家的表演。游客还可以舂米、筛米，把米和糠分开。此外，游客还可选择去传统家庭参观。在丹绒比艾的 Kampong Serkat，游客可以在寄宿家庭品尝传统的小吃和茶点。家庭互动是项目的一部分，因此游客可以与家庭进行交流，与他们一起用餐。为了让游客品尝到马来菜，提供的餐点都是传统食品。市中心有时举行晚会，当地人会表演传统舞蹈，演奏传统音乐。

菲律宾 AngPulo 红树保护公园是发动社区参与保护当地红树林的成功案例，而市政府、保护国际基金会（CI）等国际组织为其提供支持。受到保护的这片海滩由群众组织管理，他们自称为“来自 Kilitisan 的海上生活管理员”。由于水产业规模的扩大和为烧制木炭对红树林的砍伐，当地红树林退化。人们意识到问题的严重性，于是发起了这次活动。小区里的人多是渔民，他们明白红树林退化对于渔业产量的冲击，因此当地社区与政府合作，由政府召集各组织进行对话并策划一个保护红树林的项目。人们意识到自己能够从项目中受益，也明白他们能够减轻气候变化的影响，帮助他人。

到目前为止，公园有一个楼梯平台，一个尼巴叶屋顶的棚子供游客休息，一座俯瞰公园和近海的瞭望塔，一个可供值班人员夜间休息的营地，还有许多交错的木板路。游客可以取道木板路欣赏公园，而不会弄湿鞋袜。当地人通过向游客收取公园门票赢利，门票所得用于给导游发薪水、维护公园设备等。此外，当地人还能通过为游客提供餐饮、售卖商品、手工艺品和树种赚钱。

（三）案例三：通过区域和国际合作的具体实践活动，搭建生物多样性合作平台

东盟生物多样性中心开展了很多合作实践活动，例如 2010 年在菲律宾、马来西亚、印度尼西亚成功举办了旨在宣传土著人庆祝方式的部落奥运会。活动包括两天比赛，涵盖射击、投长矛等项目，通过这些体验竞争性的活动，给区域内各类人群提供了交流和体验的平台，也使大众有机会分享少数族群传统的实践做法，并且

能够让外界更好地了解土著居民的生活方式，活动过程中还特别强调了传统知识、自然栖息地、可持续生产生活方式的重要性。另外，东盟生物多样性中心开展的东盟遗产公园项目，已在东盟区域内规划和设立了 1 300 多个保护区，已建立了 30 个东盟遗产公园对保护区进行有效管理，其中文莱 1 处，柬埔寨 2 处，印度尼西亚 3 处，老挝 1 处，马来西亚 3 处，缅甸 6 处，菲律宾 4 处，新加坡 2 处，泰国 4 处，越南 4 处。未来还计划建立更多的遗产公园，以确保东盟成员国之间在生物多样性保护方面进行合作，特别是提供栖息地支持以及保护濒危物种。

二、中国横断山地区生物多样性保护成功案例①

2010 年，中国环境保护部发布了生物多样性保护优先区域，共 35 个。中国环境科学研究院生态环境研究所的研究团队一直致力于生物多样性保护以及自然保护区评估方面的研究工作。2011 年，该研究组主要负责承担横断山的生物多样性的综合评估工作，选取以中山湿性长叶阔叶林为主要对象，对高黎贡山南段进行相关研究。2012 年还专门成立了生物多样性研究中心。野生动植物保护国际也一直支持关于在高黎贡山开展针对白眉长臂猿的研究工作。根据云南大理对于白眉长臂猿的研究表明，这种物种主要分布于中国云南，以及印度、缅甸等区域。研究成果表明，从 1985 年、1994 年以及 2009 年种群在中国分布数量的统计来看，基本上处于稳定而持续恢复的过程。中山湿性的长叶阔叶林作为白眉长臂猿的重要生长区域，这些年逐渐出现的现象是草果种植面积的增加。草果作为调味料，它的生存需要有较湿润的环境，上层一定要有树木遮盖，另外也不能太过于遮蔽，否则不利于生长。过去的一些研究认为，草果的种植需要特殊的水，上层有一定的遮蔽物，所以它在长叶阔叶林主要生长在峡谷里面。虽然草果和植本身没有对中山湿性长叶阔叶林的系统造成大面积的减少，导致破碎化情况发生，但随着草果种植时间的增加，导致了它上层的灌木层的生物多样性单一化和减少的趋势。

① 本章第二部分为中国环境科学研究院生态所所长王伟、德国国际合作机构王韵晟在 2012 年中国—东盟环境合作论坛上的发言，有所删节。

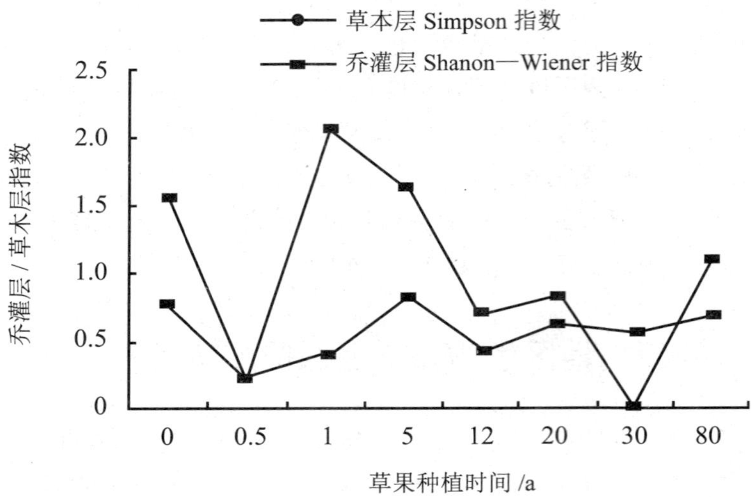

图 5-1　草果种植时间变化（资料来源：中国环境科学研究院）

研究人员据此进行了草果对白眉长臂猿生存的关联度影响分析。2000—2008 年，在研究区域内草果的种植面积在逐渐增加，对湿地农户进行走访调查后，通过对于草果价格的变化趋势进行数理统计，得出了研究结果，发现随着草果种植面积的增加，出现了比较明显的价格攀升，但也发生了 2010 年比较明显的价格回落现象。

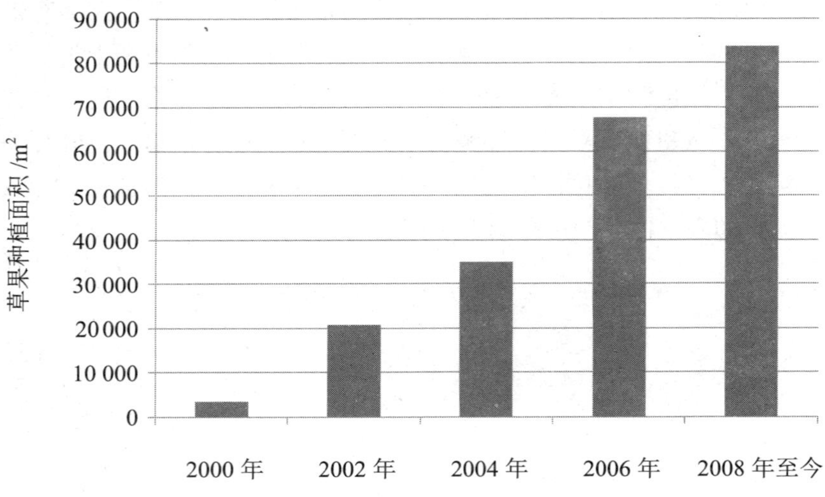

图 5-2　草果种植面积（资料来源：中国环境科学研究院）

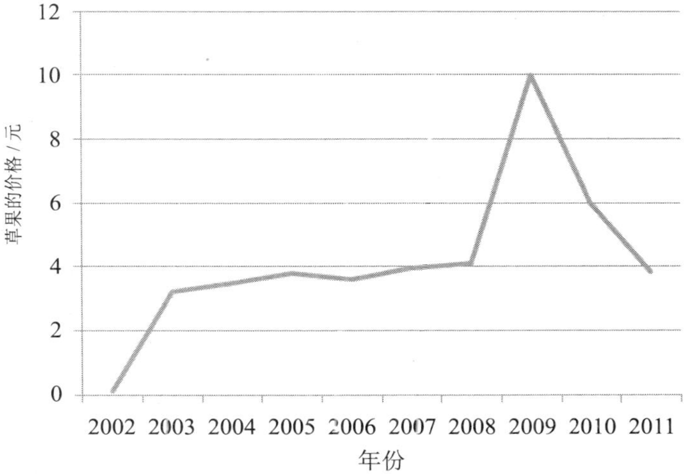

图 5-3　草果价格变动（资料来源：中国环境科学研究院）

经过对草果种植扩张导致的供求变化以及价值价格分析，研究人员提出了对于未来相应生物多样性保护以及合作的建议，一方面是要对草果的种植进行可持续的控制，通过政策引导以及综合管理，对草果的种植以及对中山湿性长叶阔叶林的管理提供综合辅助。另外，因为草果的种植不仅在广西、云南、广西、贵州，在老挝、越南等地也都有种植，所以对种植的控制不能仅限于单个地区或者国家，需要多方合作共同为区域生物多样性保护提供长期的协调机制支持。

三、生计与景观策略倡议：兴林、净水、益民①

密云水库是北京市重要的地表水水源地，提供了超过 70% 的地表水。从饮用水角度在全国和世界范围比较，北京市属于缺水型城市。密云水库流域有 15 000 多平方公里，其中 1/3 是在北京市，2/3 位于河北省。从密云水库流域来说，对于北京市经济的可持续发展和长久发展具有重要的战略地位，尽管近年来已经从东线和中线开展南水北调，但是从长远来看，从特大城市的长久可持续发展角度，如果没有当地可持续的重要的水源地，将使城市发展和稳定增加极高的风险性。

从植被覆盖率变化看，1949 年密云水库的森林覆盖率只有 1.3%， 2010 年已经达到 36.7%，说明在过去几十年中森林的恢复和保护取得了显著成效。但密云水库流域森林景观尚处于不断恢复、保护的进程中。密云景观森林大部分都是人工林，单一树种的结构性问题还比较突出。河北的植被和森林较北京存在较大差异性，在整个密云水库流域范围内，这个地区森林恢复水平所处的阶段也不同，同时河北部分存在荒漠化的问题。从 2007 年开始，世界自然保护联盟开始提出全球的森林景观恢复和生计改善的倡议，策划了恢复森林景观，能够保护水源地的项目，同时减

① 本章第三部分为世界自然保护联盟（IUCN）中国代表朱春全博士在 2012 年中国—东盟环境合作论坛上的发言，有所删节。

少对当地森林植被压力，包括北京市重要的应用水源地。主要措施是通过森林景观恢复，帮助当地社区寻找替代生产活动脱贫，同时建立利益攸关方、跨部门、跨地域的对话平台。过去几年通过对整个密云水库流域的植被情况的分析，发现 20 世纪 70 年代和 80 年代初、2000 年、2008 年植被变化存在明显的区域差异性。

北京市在过去几十年当中对森林恢复投入较大，同时当地的居民的收益结构中来自森林的收入比较高。河北相对来说比较少一些，北京和河北存在着直辖市和省之间发展方面和投入方面的差异性，如果能够加大对森林植被的保护和恢复，它同时也将会增加当地社区经济发展的基础，收入也会相应增长。

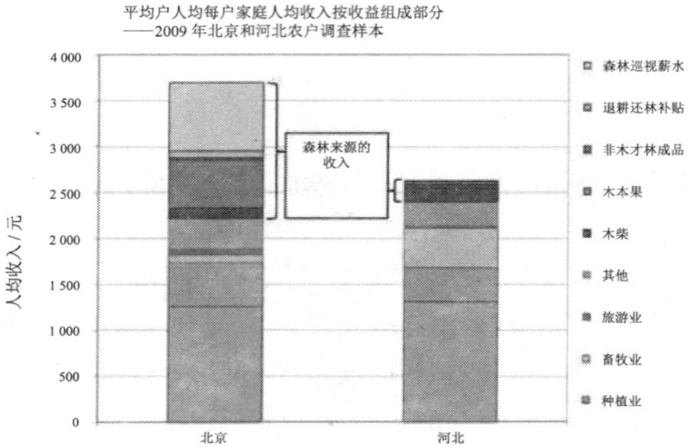

图 5-4　京冀地区家庭收益组成（资料来源：世界自然保护联盟）

目前对于森林的经营模式，很大程度上都是采取人工林种植的方式，树种比较单一，结构也较简单。项目建议如果通过一种自然的经营方法，例如引入德国曾经提出的概念模式，即把人工林通过经营措施恢复到一种更接近原始自然的状态，就能使森林的结构质量得到一定程度的恢复。

该项目在实施过程中还努力探索帮助当地社区利用木质和非木质的林产品，例如蘑菇、山野菜等；帮助当地居民进行生态厕所改建，建立沼气池，减少对森林植被的压力，同时改善当地居民的生活质量，增加他们的收入。

绿色经济或者绿色增长，很大程度上是能够更好地保护自然生态系统，使自然生态系统的生产潜力能够得以充分发挥，使自然生态系统的生态服务功能不断地得到保护和提高。在该项目中，初步进行了一些碳汇作用方面的研究，研究表明密云水库作为北京市最重要的地表水引用地，它对整个森林生态系统，对于水资源的涵养作用，尤其是对水质的缓冲和改善方面都具有重要作用。

项目还进行了相应的政策研究，例如在生态补偿方面，项目研究了引入生态系统服务功能的有偿使用政策的机制，同时对于密云水库流域不同的区域生态效益补偿的不同区域分级进行了分析，建议开展跨部门、跨省区的对话和交流，能够使区域内不同部门参与，加强合作，包括水务和林业部门的联动。北京市可以提供对河北省有水源地的补偿，使河北省和北京市之间共享生态效益，促进生态系统服务有偿使用。

该项目得到了北京市委、市政府的高度重视，希望能够在北京和河北进一步推广。项目取得的经验表明，在森林景观恢复的过程中和替代生计的示范方面可以建立跨省协调机制，这能够协助提高生态效益补偿费用使用的效率，调动各方面的资源支持，吸引利益攸关方的参与，从而综合规划，这些对于景观恢复和水源地的保护具有重要作用。项目的主要目的是保护重要的饮用水源地，但是更重要的是要为当地居民、当地的社区带来实惠，使他们脱贫致富，实现可持续发展。

世界自然保护联盟作为项目的重要参与者，也希望继续加强与北京市和河北省各部门的合作：第一，对整个密云水库流域未来的保护战略和行动计划在各利益方的共同参与下达成共识；第二，在过去已经示范成功的基础上，借鉴国外类似的项目的最佳实践来编制技术指南、手册，在北京市和河北省进行推广应用，进而在其他大中城市推广；第三，促进森林景观和植被的恢复，有效保护饮用水水源地；第四，建立大城市饮用水水源地保护的合作伙伴平台，促进各利益攸关方的共同参与，把密云水库流域水源地保护经验和教训跟其他大中城市进行分享，使其他类似项目能够借鉴，并能够与东盟国家合作，把北京市密云水库森林景观恢复和水源地保护以及生计改善的经验作为案例进行交流。

四、自然地保护法与区域绿色经济①

中国有许多不同类型的自然保护地，其中，自然保护区 2 600 多个，风景名胜区约 900 个，森林公园约 2 277 个，国家湿地公园约 213 处，国家地质公园约 138 处，水利风景区 1 300 余处，这些加起来占中国总面积的 20%，还有一些国际自然保护地，如世界遗产地、国际重要湿地等。但是，对这些自然地的保护力度还有待加强，例如经常有在保护区内进行水电开发或公路穿越自然地核心区的报道。而这种现象屡次发生的原因，是经济发展的压力，更是缺乏全局规划、缺乏管理标准和监督机制的结果。

首先，中国的自然保护地的分布格局存在众多问题。从中国的 35 个生物多样性保护优先区和中国自然保护地分布现况的比较可以看出，中国大部分自然保护地面积小，处于人口稀少地区，而且隔离独立，这非常不利于自然保护地作用的发挥。

从中国自然保护区分布情况看，面积大于 2 000 平方千米的自然保护区较少，小于 20 平方千米或者小于 5 平方千米的自然保护区较多，这些保护区面积小，处于孤立状况，作用非常有限。这种状况的原因是没有采用与自然保护相协调的生产方式。例如，许多迁徙的雁类和鹤类需要农田作为冬季摄食点。水稻田有利于这些

① 本章第四部分为国际动物学会秘书长解焱女士在 2012 年中国—东盟环境合作论坛上的发言，有所删节。

鸟类的生存，但是如果水稻田变成棉花田，它的作用就消失了。如果能够考虑生物多样性需要，这会对发展起到很重要的作用。

另外，在风景名胜区，如三清山风景名胜区，游人坐隧道到半山腰，只能在栈道上行走，森林大面积的区域得到了非常好的保护。国家森林公园也可以发挥类似的作用。在张家界森林公园，大片森林为山区下游提供了重要水源。

这些问题与缺乏较系统的多样化管理标准也有关系。解决方法是建立自然保护地管理分类体系，让所有保护地在同一个平台上进行分类管理。第一类为严格保护类，排除一切人为活动干扰；第二类为管理栖息地或物种管理类，采取适当的人工干预措施来保护物种及其栖息地；第三类为自然展示类，允许公众适度进入参观、游憩和体验自然环境；第四类为限制利用类，允许有限的采集、捕捞、种植、择伐等生产生活活动。这种分类有助于快速建立管理标准。

中国过去把自然地分为自然生态系统类、野生生物类和自然遗迹类的分类依据不利于建立管理标准。上述的建议分类体系和世界自然保护联盟的全球分类体系基本一致，不同的就在于把国家公园和景观保护地归为一类。

深圳市、重庆市的区域规划实际上最重要的考虑就是保护地。如何利用自然保护地来保护这些区域，其中一个重要问题就是要维持栖息地的连通性。例如，一头雌性东北虎的领域范围是450平方公里，要维持一个可持续的种群需要8 100平方公里，对于这样的需要大面积栖息地物种的保护，需要考虑栖息地的连通性。其他许多物种情况类似，如果河流的连通性被破坏掉，鱼类的保护工作就不能正常进行。四川岷山的自然保护区，将该地区作为大熊猫栖息地和全国35个优先区域之一，通过规划使用第一类严格保护类、第二类栖息地物种管理类、第三类自然展示类、第四类限制利用类，建立连通性，形成栖息地保护网络，实现区域保护目标。

通过这样的四类搭配组合，维持栖息地的连通性，同时考虑当地经济发展需要，对区域进行划分。分区根据地区不同而灵活处理，但封闭区域必须存在，第一类自然保护地的封闭区面积应大于80%，其他类型的封闭区域至少要大于20%。这样的管理方式又给当地社区提供了发展的机会。

具体到每一个自然保护地，保护不力的一个重要原因就是保护和管理界限模糊，导致保护管理薄弱。因此，在新的立法中，保护管理局负责保护工作，当地政府部门、社区或外来企业负责经营。应当确保管理机构的独立性，同时管理机构监督经营活动，确保经营有制约机制。

同时，各级政府要保证经费只能用于保护支持管理；经济收入要反哺保护管理。经费上的管理要和国家的级别更好地结合起来，国家级的自然保护区应由国家来投入，而不是地方。应明确国家保障自然保护地的保护管理经费的职责；用于自然保护地保护管理的经费占国民生产总值（GDP）的比例应当和发达国家相当；鼓励每个保护地建立“保护地公募基金”吸纳社会捐助专门用于自然保护地保护管理，这个资金不能取代国家资金投入。

除此之外，应建立自然保护区和社区的联系。通过上述的分类分区管理方法，建立分类分区的管理，允许自然地居民利用当地资源。还可以通过自然保护区和社区建立保护协议，制约社区的非法或破坏性的活动。政府应与社区建立共管委员会，共管委员会和自然保护区的管理机构相辅相成，这是一个让社区参与重大决策的重要机制。如果社区因为保护自然地而受到损害，应该进行补偿。通过这样的联系就能让社区参与保护，并且从保护当中获利。图 5-5 是一种可参考的新型保护区管理体制。将管理和保护分开，将涉及保护和经营的机构分开。保护和经营之间的唯一的制约的力量就是管理机构。

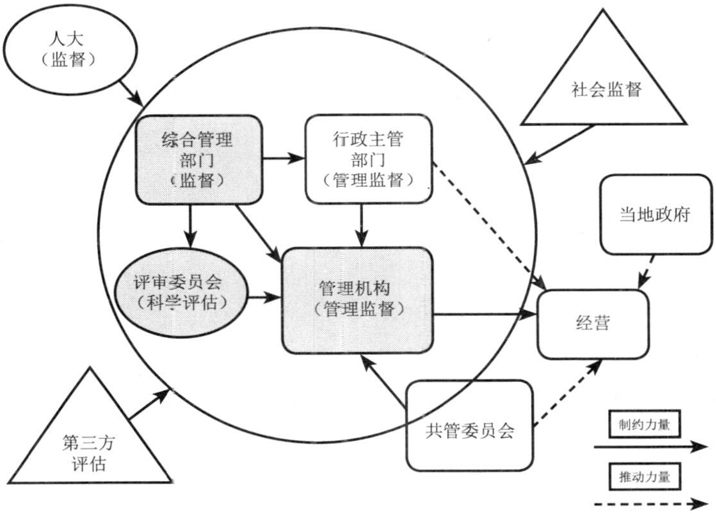

图 5-5 新型保护区管理体制结构

（资料来源：2012 年中国—东盟环境合作论坛会议发言材料）

为了保证管理机构从事保护，综合管理部门评审委员会、第三方评估还有社会监督要起到作用，通过这些来确保管理机构发挥作用。希望能够建立这样的自然保护地，把所有的自然保护地统一在一个法律体制下。

五、西双版纳示范项目：大湄公河次区域生物多样性保护走廊建设①

大湄公河次区域合作中的生物多样性项目是大湄公河次区域合作的核心环境项目下的子项目，主要由亚洲开发银行资助，在中国环境保护部的支持和指导下开展。这个廊道建设项目作为大湄公河次区域环境合作的核心环境项目下的一个旗舰

① 本章第五部分为云南省环保厅周波先生在 2012 年中国—东盟环境合作论坛上的发言，有所删节。

项目，主要目标是在大湄公河次区域的廊道内建设可持续发展的管理机制，项目初期规划在大湄公河次区域的走廊内涉及次区域的6个国家建设五条廊道。

建设廊道的主要目标是通过改善廊道内的核心区域的生物多样性保护的管理，促进区域的可持续发展。在西双版纳区域有6个国家级的自然保护区域、5个省级自然保护区域、1个环保部门管理的保护区域，保护区域之间有五条廊道，是不连接的区域，通过项目的示范在不连接的五个区域设定廊道的区域范围，划定通过土地应用规划实现廊道跨地的区域，在廊道内开展一些可持续生计扶贫及能力建设的管理，促进廊道保护区和保护区之间的可持续发展和保护区的有效管理。

项目通过划定识别保护区域和廊道区域，对三个廊道的建设进行土地利用规划，实施了廊道区的社会经济调查和土地应用的重新规划设计和建设方案，确定了廊道的区域。该项目促进了州级的保护区即布龙保护区跟缅甸交界的保护区的建立。在三个划定的廊道区域里面，区域之间的村子里开展可持续替代生计的活动，促进当地的社区发展，能够促进环境友好型活动的开展，以及开发替代生计产品的市场。设计三个廊道区优先的生态系统恢复区域，确定廊道恢复方案，完成了一些示范活动，也开展了其他研究，包括西双版纳廊道区域的气候变化的脆弱性分析研究。在能力建设方面，项目开展了包括在西双版纳自然保护区之间的一些村级的和政府部门的可替代生计的生态恢复的适用技术和方法培训，也通过开展公共宣传教育活动，提高了当地民众的生物多样性保护意识，特别是中小学生的生物多样性保护意识，还通过加强与老挝、越南、柬埔寨、泰国的交流，促进了云南与次区域之间生物多样性保护经验交流。

项目也促进了跨境、跨国界的自然保护区建立，特别是促进了西双版纳上游国家级自然保护区跟老挝交接的自然保护区及风沙林自然保护区的联合保护区建立，通过联合保护区的建立，保护了跨境的亚洲象通道，共同开展保护地的交流活动，促进了亚洲象的合作保护。项目还初步开展了廊道区域的生态服务价值研究。

通过项目建设，对云南省的生物多样性保护也产生了积极的影响和示范效应。具体表现在：第一，廊道在云南省是一个新的生物多样性保护方法，通过引进方法，能够为云南生物多样性保护政策和战略的制定产生积极影响，廊道建设也被纳入云南省生物多样性保护的战略和行动计划；第二，提高了多个政府部门共同协作、规划并且整合人力和资金的资源，以及共同加强生物多样性保护的能力，也极大地提高了当地居民的生物多样性保护意识；第三，促进了西双版纳当地的生物多样性保护工作，促进了技术和科学依据，建立了保护区，促进了保护区的管理，也推动了西双版纳州实施生态立州战略的建设，建立了西双版纳的野生象保险，建立了跨境的保护区合作，推动了生物多样性保护基地的成立，以及西双版纳热带雨林保护基金的建立；第四，加强了云南省与次区域内的东盟国家在生物多样性保护方面的交流，也促进了跨境的生物多样性保护的合作。未来该项目将主要完成另外两条廊道的设计，继续开展可持续生计和生物多样性保护活动示范，同时开展廊道的生态服务功能和评价体系研究。

六、跨境保护：东黑冠长臂猿案例[①]

野生动植物保护国际致力于在科学分析基础上充分考虑人类的需求，以保护全球濒危物种和濒危的生态系统。该组织除了在中国开展保护工作外，在东盟的6个国家也开展了保护工作。中国陆地南方跟缅甸、老挝、越南交界地区的中国保护地大致的分布状况，主要分为中国的国家级自然保护区和地方级的自然保护区，沿着中国跟老挝、越南、缅甸三个国家的交界区域有很多保护地。这些保护地有些跟边境特别相近，有些是直接跟边境相连的，而且是跟邻国的保护地直接相接。

野生动植物保护国际在边境区域开展了很多跨境的保护项目，例如在缅甸发现了一个新的金丝猴物种叫做缅甸金丝猴，在靠近云南高黎贡山，2012年确认该物种在中国也有分布，该组织正在推进云南跟越南之间在濒危树种保护上的合作。东黑冠长臂猿在整个全球仅分布在中、越的边界地区，科学家在过去50年里都没有发现该物种，普遍认为物种已经灭绝，直到2002年越南项目实施过程中，在靠近中国边境的地区重新发现了该物种，规模大概有26只。

2006年，在中国广西的靖西县也发现了东黑冠长臂猿。为了了解世界范围内物种的个体数量、分布情况，中越两国地方政府、科学家建立了联合考察队，进行了联合调查，最后确认在中、越边境的区域里共存在18群110只东黑冠长臂猿。物种被发现后，相关研究表明其面临的威胁非常严重，首先在全球分布的区域狭小，种群数量较小，栖息地范围也较狭小，栖息地面积小于22平方千米，已经成为孤岛，云南的栖息地受到两条河流的限制已经无法扩展，由于过去栖息地区域是农业采集区域，破坏程度较严重，且当地居民在区域内进行砍柴、烧炭、放牧、采集林下产品活动，使得森林质量严重退化，亟须开展恢复工作。在物种被发现后，中、越双方都建立了保护区，使得所受干扰得到减缓。同时，相关研究表明气候变化也是影响物种生存的重要因素。2008年该地区内经历了冬季严寒，2010年经历了大范围干旱，这两次极端的气候变化都导致物种幼崽的死亡，分析认为气候变化可能是未来对该物种的一个较大威胁。两国政府都投入了大量的资金、人力和物力进行保护。2007年，越南专门为该物种建立了保护地，2009年广西壮族自治区也建立了自治区级的自然保护区。在边境地区，无论是在中国、越南，还是在其他邻国，在生物多样性特别富裕的区域，濒危物种所在的区域同时也是非常贫困的区域，当地政府的人力、物力、财力也非常有限，建立保护区以后，保护区的人员资金问题仍然较突出，为此该组织也投入了大量的资金和技术，在保护区成立之前，该组织还参与

① 本章第六部分为野生动植物保护国际（FFI）中国项目主任张颖溢女士在2012年中国—东盟环境合作论坛上的发言，有所删节。

了保护区的综合规划以及考察，开展了针对长臂猿的调查，为两个保护区建立起统一的标准化的监测体系，也对两边的保护区工作人员开展了保护区管理的能力培训。在社区也开展了很多意识培养和环境教育工作。由于当地社区特别贫困，该组织还将项目重点放在如何有效推动可持续的环境友好型的生计发展问题上，同时支持中、越双方科学家开展相应的研究工作。

由于过去没有开展过相关研究，物种从被发现后，中、越双方的科学家合作开展了针对该物种的生态学研究工作，了解物种对生计、食物、栖息地的需求；也开展了影像学方面的研究，了解物种的动态变化趋势。同时也针对社区开展了一系列活动，包括向当地群众推广节柴灶，以推动替代生计的研究，推动社区减少对长臂猿的生物种群威胁。该项目经验认为跨境合作对于物种保护非常必要，建议包括中国政府和东盟国家未来能够建立国家间的跨境生物多样性合作机制，建立起交流平台，克服政策和技术上的障碍，共同推动跨界生物多样性保护的合作。

七、广西西南石灰岩地区生物多样性和生态保护实践成功案例①

广西西南部面积约为2.55万平方公里，覆盖10个县的行政辖区，也是少数民族聚集地区，气候属温润热带、亚热带季风气候，具有光热充足、雨量充沛、雨热同季的特点；地质构造古老，地质基岩多为泥盆系、二叠系和三叠系，以碳酸盐岩层（石灰岩和白云岩）为主，页岩、砂岩其次；喀斯特地貌特征明显，类型多样，有岩溶峰丛、岩溶谷地、孤峰平原等多种类型，且尚保留着不少原生性较强的自然植被。

广西西南部的石灰岩地区是具有全球意义的生物多样性热点地区之一，生态系统多样性丰富。有全球少有的北热带喀斯特季雨林生态系统、喀斯特常绿阔叶林生态系统、喀斯特石山灌丛等独特地貌和神秘的喀斯特洞穴生态系统。物种多样性极为丰富，有国家重点保护动物91种，已知野生维管束植物4 266种，该地区也是广西区域性野生植物种类最丰富的地区，是广西植物三大特有中心之一，该地现已发现的兰科植物就有130种；该地区还是世界上洞穴鱼类最丰富的地区之一，分布有世界上最丰富的洞穴倍足纲节肢动物以及中国仅有的洞穴潮虫和洞穴唇足纲动物。

区域内有很多国家级重点保护物种，以及具有全球意义的特有物种，例如东黑冠长臂猿，其他特有物种还包括白热带喀斯特玉林、白头叶猴等。该地区生物多样性虽然丰富，但是也面临严重威胁，比如非法采集、捕猎和过度利用，环境污染，外来物种入侵以及伴随经济发展产生的对栖息地损害，石漠化问题等。

生物多样性保存较好较丰富的地区，往往是较贫穷落后的地区，广西西南部的

① 本章第七部分为广西大学教授周放先生在2012年中国—东盟环境合作论坛上的发言，有所删节。

喀斯特地区也属于类似状况，虽然生物多样性丰富，但是其经济、文化相对落后，在中国、广西看都是比较落后。在复杂情况下，做好生态保护，提高生物多样性的维持度，维持地区的生物多样性、稳定性，是一个严峻课题。

从宏观层面，需要动员全社会的力量形成生物多样性保护的合力，应由政府部门主导，吸引社会各界参与，形成规模效应。政府部门介入项目的保护活动有10多个部门，还有很多的大学、科研机构、媒体、当地社区、非政府组织等，形成合力，在多部门的参与下，强化政府引导职能。

在生态建设方面，自2008年，广西设立了生态广西建设引导资金，主要用于引导支持生态产业发展、环境基础设施建设、生态示范创建奖励等。4年来在石灰岩地区已经投入了340多万元人民币，带动了附属衍生投资2 000多万元人民币，实施了6个生态产业项目，获得引导资金支持的项目都取得较好的环境效益和经济效益，另外也产生了很大的社会效益。例如，2009年支持的宁明县寨安乡的小叶榕种植项目，在石灰岩中丘山地上种植小叶榕1 300亩，小叶榕对石山地区的水土保持能力非常强，生态效益明显，同时小叶榕的生长快、耐修剪、寿命长，利用修剪下来的枝叶可提取治疗哮喘和支气管炎的药物中间原料小叶榕浸膏，经过几年修剪后移栽城市作为景观绿化树，平均每年每亩的经济效益达到2 400元以上，引导示范作用十分显著。

广西西南石灰岩地区可利用的土地资源极为缺乏，过度开垦使栖息地面积缩小且片断化明显，动植物资源破坏严重。为提高生物多样性敏感区域的农村生计，通过生态农业，以推广生态循环方式下的畜禽养殖、牛粪沼气应用、人工造林来改变原有的生计模式。利用植树造林为牲畜提供饲料，人畜粪便在沼气池中发酵产生的沼气提供能源，残留物作为肥料用于植树造林的循环，减少农业对土地、野生动物等资源的依赖，增加农民经济收入。

同时，在自然保护区、封山育林区和自然保护小区周围继续发展农村户用沼气、太阳能等新型能源，保护生态环境，提升农民生计。该地区原来石漠化的趋势比较严重，经过几年努力，石漠化的面积有所减小，完成了5万多公顷的人工造林，使石漠化的趋势得到减缓，当地居民的经济收入也得到提高。

另外一个重要措施是建立小规模的保护区，目前已建设第一批示范的小规模保护区。由于喀斯特地区生计的片断化非常严重，动植物的分布都非常分散，零星植被分布的特点明显，不利于建立成片、成块的、符合国家标准的自然保护区，只有通过建立自然保护小区使生物多样性保护效率得以提高。广西在该地区已经陆续建立了15个自然保护小区，通过自然保护小区建设可以减少保护区的孤岛效应，增加了生物多样性的稳定程度。此外，还建立了14个小规模的示范区，示范区的建立有利于推广，也有利于调动当地社区的参与。自然保护小区的模式是政府引导，当地社区共管，以当地居民的保护为主的模式。

面对栖息地破坏及破碎化使野生动植物种群繁衍面临直接威胁的现状，加强自然保护区网络建设对于保护桂西南石灰岩地区的生物多样性尤为重要。截至 2009 年年底，桂西南石灰岩地区建立了 15 个自然保护区，总面积约 26 万公顷，占该地区国土面积的 12.5%。自然保护区网络使桂西南石灰岩地区大部分国家重点保护野生动植物和典型的自然生态得到较好的保护。

完善生物多样性保护体系建设，还需要通过国际交流，跟国际组织以及邻国进行合作。更为重要和基础的工作是将生物多样性保护与改善当地居民生计，增强公众的保护意识结合起来，这样才能找到适合当地生物多样性保护的实际途径。政府部门应协调相关部门共同参与，结合对当地居民的民生改善，合理利用和开发资源，提高当地居民保护生物多样性的积极性和意识，使生物多样性保护与当地民生改善产生正关联效应。

第六章　中国—东盟生物多样性保护与绿色发展的未来合作[①]

一、中国—东盟生物多样性保护合作意义重大

中国和东盟作为最大的发展中国家和最大的发展中地区组织，发展阶段的相似性和对绿色区域发展的共同追求，决定了中国与东盟的合作是推动区域环境与发展合作的核心力量。在环境合作中，生物多样性保护是重要的组成部分，2010 年在第 13 次中国—东盟领导人会议上，领导人们一致同意推进生物多样性领域的合作。以“生物多样性与区域绿色发展”为主题的论坛目的就是落实领导人会议达成的共识，通过政策对话和经验交流，建立伙伴关系，共同推进生物多样性保护，实现区域绿色发展和可持续发展，这对区域自身具有非常重要的现实意义。

区域绿色发展和生物多样性保护是中国与东盟在环境保护合作中都十分关注的内容，关于生物多样性以及实施生物多样性并促进发展方面的讨论，中国和东盟都清楚地认识到现阶段所面临的诸多挑战，也面临更多机遇，论坛已经较为完整和清晰地讨论了中国和东盟各国应需优先考虑的一些事项，并已经达成了生物多样性和绿色发展是可持续发展要素之一的共识。

二、中国—东盟生物多样性保护合作回顾

自 2007 年环境合作被列为中国—东盟合作的优先领域以来，中国—东盟环境合作呈现出良好的发展态势，取得了丰硕成果。2011 年相继通过了行动计划，召开了第一次环境合作论坛，启动了绿色使者计划，并且在生物多样性等领域开展了内容丰富的合作活动。

中国—东盟在环保主要领域的合作不断深入。中国在与东盟开展区域经济合作时，始终把环境保护摆在重要位置。目前，双方在海洋环境保护、跨境生态安全、

---

① 本章包括中国环境保护部国际合作司司长唐丁丁在 2012 年中国—东盟环境合作论坛讨论中的一些主要观点，其中也涵盖了唐丁丁先生、东盟的副秘书长代表马蒂亚•哈亚蒂女士、联合国环境规划署亚太办公室主任朴英雨先生、亚洲开发银行东亚局副局长许延根先生、东盟成员国代表、中国环保部国际合作司宋小智副司长、中国—东盟环境保护合作中心郭敬副主任和周国梅副主任等代表的发言。

次区域生态合作、热带雨林保护、泛北部湾环境合作机制等主要领域的合作不断深入，并在澜沧江 - 湄公河国际合作项目、东亚酸沉降监测网等方面开展了密切合作。大湄公河次区域环境合作是双方开展环境合作的重点，十多年来，这一以项目推动为主的合作已在生物多样性、自然资源保护、扶贫、流域环境监测等领域开展了一系列具体项目。目前，云南和广西的三个生物多样性走廊示范项目正在顺利开展。

区域环保经验交流更加密切，成果明显。为促进中国环保经验与东盟国家的分享，2010 年 3 月，中国环保部与泰国联合举办了主题为“农村清洁发展”的中泰友好研讨会，加强了农村环保领域的沟通合作。2010 年 11 月，中国与东盟各国共同举办了中国—东盟绿色产业发展与合作研讨会，探讨如何在后金融危机时代发展绿色经济、助推绿色产业、促进经济转型，为未来双方绿色产业合作奠定了基础。通过各方努力，中国—东盟区域环保合作机制已初步建立。近年来，中国积极参与大湄公河次区域环境合作，与东盟创建了大湄公河次区域环境合作机制，为双方进一步开展环境合作奠定了坚实的基础。为落实第 11 次中国与东盟领导人会议上温家宝总理的倡议，更好地促进双方在环保领域的合作，中国—东盟环保合作中心正式成立，标志着中国与东盟的环保合作迈入了一个新的阶段。此外，2009 年，中国与东盟还通过了《中国—东盟环保合作战略（2009—2015）》，确定了环境无害化技术、环境标志与清洁生产，环境产品和服务，公众意识和环境教育，生物多样性保护，环境管理能力建设，全球环境问题 6 个领域作为环保合作优先领域。

随着行动计划实施工作的推进，双方的合作范围还将逐步扩展，合作内容也将不断深化。双方将利用和依托中国—东盟环境合作论坛这一重要的交流与合作平台，努力推进中国—东盟环境合作迈上新的台阶。作为发展中国家，在全球经济一体化快速发展和中国—东盟自贸区全面建成的新形势下，进一步深化环保合作成为中国与东盟各国开展合作的重要课题之一。中国与东盟在环保领域的合作，将有利于带动双方环保产业的发展，从而进一步促进双方在多领域的合作，促进区域可持续发展，同时有利于中国和东盟各国参与全球经济治理和区域合作，而积极创造参与国际经济合作和竞争的新优势，符合中国与东盟各国共同的战略利益和经济利益。

区域绿色发展和生物多样性保护是在 2011 年提出的，是环境保护合作的重要政策内容，也是中国—东盟环境保护行动计划的重要部分。同年，中国环境保护部和广西壮族自治区政府成功举办了主题为“创新和绿色发展”的中国—东盟环境保护论坛。这次论坛为政策对话和信息经验交流提供了平台，为生物多样性卓有成效的讨论提供了渠道。会议各方意识到，各国所需要的发展是环境生态可持续的发展，因此应摒弃传统发展模式，做好向绿色发展模式的转变。这需要政府强有力的领导和相应的决策。中国已经采取了具体的措施，把生物多样性战略和行动计划纳入其“十二五”发展计划中。论坛的成果之一是使各国明确了在生物多样性保护方面依然面临不少挑战；但与此同时，也面临更多机遇。各方需要通力合作，寻找彼此的共同利益交会点和需要优先发展的项目，会议还使各方达成了共识：生物多样性和绿色发展是可持续发展的必要条件。

三、中国—东盟生物多样性保护合作展望

中国—东盟未来的环境合作应继续探讨如何从区域的宏观角度，使中国和东盟国家从传统的发展模式转型为绿色发展模式，使发展从社会环境和生态角度都具有可持续性。同时，政策和政府的领导力也都需转向绿色发展。中国高度重视并且进一步加大了环境保护力度，将生态文明建设上升到国家战略高度，并采取了一系列相应措施，例如把国家生物多样性的战略和行动计划纳入了“十二五”规划，并稳步推进相关制度、法规和能力建设。这些举措显示了中国政府致力于走可持续发展道路的决心。东盟成员国也在积极努力，把生物多样性保护纳入国家战略中。未来双方需要加强的是将所有的战略和政策转化为具体行动。

生物多样性是中国—东盟环境合作的优先领域之一，在第 13 次中国—东盟领导人会议上，领导人们一致同意加强生物多样性方面的合作，而 2012 年中国—东盟环保合作论坛的召开既是落实领导人会议精神的具体举措，也为未来在生物多样性领域的合作奠定了基础。中国与东盟在生物多样性领域合作的潜力巨大，前景广阔。中国与东盟在环境保护方面的合作可以谋划合作伙伴关系平台，搭建区域内可持续发展的合作伙伴关系网络，在国家和地方层面上给决策者实施战略和政策提供技术和应用支持。

未来中国与东盟还应在生物多样性保护和合作的最佳实践案例等方面开展交流，通过与东盟生物多样性保护中心的合作，与东盟成员国政府及地方管理部门共同联合，推广生态保护以及生物多样性政策相关项目以及活动的最佳实践。中国—东盟绿色经济和生态保护论坛也将作为中国与东盟在环境保护方面的重要活动继续进行，并将被定位于提高公众意识以及能力建设方面的旗舰型项目。未来中国将有机会与东盟各国进行更广泛和深入的合作，并把它作为提高环境意识和公共教育的一部分，以及中国—东盟环境保护战略和行动计划的重要组成部分。

生物多样性保护对区域绿色发展具有重要意义，结合生态保护的跨界特点，未来双方需要进一步加强区域合作，在几个方面开展合作：

第一，应密切配合，继续落实好第 13 次中国—东盟领导人会议上提出的合作倡议。根据中国—东盟环保合作战略和行动计划，务实推进双方在生物多样性领域的合作，例如应进一步运用生态系统服务等经济工具加强生态保护，推进生态系统服务区域合作，做好后续工作，认真研究一些双方共同感兴趣，具有操作性的合作建议，并在今后的合作中进一步推进和落实。

第二，应广泛吸纳中国与东盟生物多样性相关机构、国际组织和合作伙伴的共

同参与，调动各种资源，发挥各方优势，协力推进，互利共赢。联合国环境规划署和亚洲开发银行等国际组织长期以来向发展中国家提供了很多政策和技术支持，特别是在帮助本地区发展中国家应对生物多样性丧失和生态系统恶化所带来的挑战方面，区域内各国应继续充分利用国际机构的专家和技术资源，进一步拓宽合作领域，争取更好的合作成效。

第三，学习和借鉴其他区域合作机制的成功经验，力争把中国与东盟的生物多样性合作做成区域环境合作的典范。生物多样性是全球和区域关注度极高的合作领域，中国与东盟区域内已有不少与生物多样性相关的机制和项目，例如大湄公河次区域合作框架下实施的生物多样性保护走廊项目。中国与东盟的合作具有南南合作的明显特点，双方有相似的经济社会发展阶段性特征，面临相似的环境问题，有许多共同的理念，也有不少合作的共识，双方在能力建设、经验交流、合作研究等方面也积累了不少成果和经验。今后应在内容和形式上不断开拓创新，积极、务实、稳步推进后续合作。

附录一

中国—东盟环保合作论坛——生物多样性与区域绿色发展会议议程

2012 年 9 月 17—18 日　中国 • 北京

<table>
<tr><th colspan="4">9 月 17 日（星期一）</th></tr>
<tr><td>08:00—09:00</td><td colspan="3">注册</td></tr>
<tr><td rowspan="7">09:00—10:00</td><td colspan="3">第一单元 开幕时段</td></tr>
<tr><td>主　持</td><td>郭敬</td><td>中国—东盟环境保护合作中心副主任</td></tr>
<tr><td>领导致辞</td><td>李干杰</td><td>中国环境保护部副部长</td></tr>
<tr><td rowspan="2">嘉宾致辞</td><td>克拉丽莎 • 阿里达</td><td>东盟生物多样性中心项目开发与执行主任</td></tr>
<tr><td>许延根</td><td>亚洲开发银行东亚局副局长</td></tr>
<tr><td>主旨发言</td><td>朴英雨</td><td>联合国环境规划署亚太办公室主任</td></tr>
<tr><td colspan="3"></td></tr>
<tr><td>10:00—10:20</td><td colspan="3">茶歇</td></tr>
<tr><td rowspan="6">10:20—11:30</td><td colspan="3">第二单元 区域生物多样性保护：机遇和挑战</td></tr>
<tr><td>主　持</td><td>宋小智</td><td>中国环境保护部国际司副司长</td></tr>
<tr><td rowspan="3">嘉宾发言</td><td>张文国</td><td>中国环境保护部自然生态司处长</td></tr>
<tr><td>克拉丽莎 • 阿里达</td><td>东盟生物多样性中心项目开发与执行主任</td></tr>
<tr><td>蔡立杰</td><td>联合国生物多样性公约秘书处官员</td></tr>
<tr><td colspan="3">评论与讨论发言</td></tr>
<tr><td rowspan="8">11:30—12:30</td><td colspan="3">第三单元 中国和东盟生物多样性保护：政策和措施</td></tr>
<tr><td>主　持</td><td>克拉丽莎 • 阿里达</td><td>东盟生物多样性中心项目开发与执行主任</td></tr>
<tr><td rowspan="5">嘉宾发言</td><td>马克平</td><td>国际生物多样性计划中国委员会秘书长</td></tr>
<tr><td>维蒂亚 • 南朗</td><td>印度尼西亚环境部处长</td></tr>
<tr><td>程托内 • 冯氏泰</td><td>老挝自然资源和环境部处长</td></tr>
<tr><td>玛丽菲 • 卡斯蒂诺</td><td>菲律宾自然资源与环境部官员</td></tr>
<tr><td>潘纽沃特 • 卡玛特查特</td><td>泰国自然资源和环境部专家</td></tr>
<tr><td colspan="3"></td></tr>
<tr><td>12:30—14:00</td><td colspan="3">午餐 / 休会</td></tr>
</table>

<table>
<tr><td rowspan="8">14:00—15:15</td><td colspan="3">第三单元 中国和东盟生物多样性保护：政策和措施（继续）</td></tr>
<tr><td>主　持</td><td>克拉丽莎•阿里达</td><td>东盟生物多样性中心项目开发与执行主任</td></tr>
<tr><td rowspan="5">嘉宾发言</td><td>斯瑞•孙勒昂</td><td>柬埔寨环境部代表</td></tr>
<tr><td>莫哈•珊苏庭•苏蕊</td><td>马来西亚自然资源与环境部副处长</td></tr>
<tr><td>敏登</td><td>缅甸环境保护与林业部处长</td></tr>
<tr><td>穆斯林•安沙利•拉赫曼</td><td>新加坡国家公园局高级经理</td></tr>
<tr><td>陈玉强</td><td>越南自然资源与环境部处长</td></tr>
<tr><td colspan="3">评论与讨论发言</td></tr>
<tr><td>15:15—15:35</td><td colspan="3">茶歇</td></tr>
<tr><td rowspan="11">15:35—17:00</td><td colspan="3">第四单元 建立伙伴关系，促进区域生物多样性保护合作</td></tr>
<tr><td>主　持</td><td>周国梅</td><td>中国—东盟环境保护合作中心副主任</td></tr>
<tr><td rowspan="8">嘉宾发言</td><td>刘柏森</td><td>UNEP 国际生态系统管理伙伴计划高级教授</td></tr>
<tr><td>陈晓菲</td><td>广西壮族自治区环保厅总工程师</td></tr>
<tr><td>李培</td><td>中国环境保护部对外合作中心副主任</td></tr>
<tr><td>希拉•维加拉</td><td>东盟生物多样性中心信息管理处长</td></tr>
<tr><td>马瑟•朱利安</td><td>世界自然保护联盟（IUCN）亚太区主任</td></tr>
<tr><td>王韵晟</td><td>德国国际合作机构（GIZ）项目经理</td></tr>
<tr><td>李进伟</td><td>云南省环保厅副处长</td></tr>
<tr><td colspan="3">评论与讨论发言</td></tr>
<tr><td colspan="3"></td></tr>
<tr><td rowspan="4">17:00—17:30</td><td colspan="3">第五单元 闭幕致辞</td></tr>
<tr><td>主　持</td><td>郭敬</td><td>中国—东盟环境保护合作中心副主任</td></tr>
<tr><td rowspan="2">嘉宾致辞</td><td>马蒂亚•哈亚蒂</td><td>东盟副秘书长代表</td></tr>
<tr><td>唐丁丁</td><td>中国环境保护部国际合作司司长</td></tr>
<tr><td rowspan="2">18:00—20:00</td><td colspan="3">招待会</td></tr>
<tr><td>致　辞</td><td>郭敬</td><td>中国—东盟环境保护合作中心副主任</td></tr>
</table>

<table>
<tr><th colspan="4">9 月 18 日（星期二）</th></tr>
<tr><td rowspan="6">08:30—09:30</td><td colspan="3">主题研讨：生物多样性保护及合作成功实践</td></tr>
<tr><td>主　持</td><td>周国梅</td><td>中国—东盟环境保护合作中心副主任</td></tr>
<tr><td rowspan="4">嘉宾发言</td><td>莫妮娜·尤雷特</td><td>东盟生物多样性中心专家</td></tr>
<tr><td>李俊生</td><td>中国环境科学研究院生态所副所长</td></tr>
<tr><td>朱春全</td><td>世界自然保护联盟（IUCN）中国代表</td></tr>
<tr><td>解焱</td><td>国际动物学会秘书长</td></tr>
<tr><td>09:30—09:45</td><td colspan="3">茶歇</td></tr>
<tr><td rowspan="6">09:45—10:45</td><td colspan="3">主题研讨：生物多样性保护及合作成功实践（继续）</td></tr>
<tr><td>主　持</td><td>希拉·维加拉</td><td>东盟生物多样性中心信息管理处长</td></tr>
<tr><td rowspan="3">嘉宾发言</td><td>周波</td><td>云南省环保厅处长</td></tr>
<tr><td>张颖溢</td><td>野生动植物保护国际（FFI）中国项目主任</td></tr>
<tr><td>周放</td><td>广西大学教授</td></tr>
<tr><td colspan="3">自由讨论发言</td></tr>
<tr><td>10:45—11:00</td><td colspan="3">会议总结</td></tr>
<tr><td>11:15—17:00</td><td colspan="3">参观考察</td></tr>
</table>

ASEAN—China Environmental Cooperation Forum • 2012
Biodiversity and Regional Green Development

September 17-18, 2012

Beijing, China

Agenda

<table>
<tr><td colspan="3">September 17, Monday</td></tr>
<tr><td>08:00—09:00</td><td colspan="2">Registration</td></tr>
<tr><td rowspan="11">09:00—10:00</td><td colspan="2">Session I: Opening Ceremony</td></tr>
<tr><td colspan="2">Moderator:</td></tr>
<tr><td>Mr. Guo Jing</td><td>Acting Director General, China-ASEAN Environmental Cooperation Center</td></tr>
<tr><td colspan="2">Guest Speakers:</td></tr>
<tr><td>H. E. Mr. Li Ganjie</td><td>Vice-Minister, Ministry of Environmental Protection of China</td></tr>
<tr><td>Ms. Clarissa Arida</td><td>Director, Programme Development and Implementation Unit, ASEAN Centre for Biodiversity</td></tr>
<tr><td>Dr. Edgar A. Cua</td><td>Deputy Director General, East Asia Department, ADB</td></tr>
<tr><td colspan="2">Keynote Speaker:</td></tr>
<tr><td>Dr. Young-Woo Park</td><td>Director and Representative, UNEP Regional Office for Asia and the Pacific</td></tr>
<tr><td>10:00—10:20</td><td colspan="2">Coffee/Tea Break</td></tr>
<tr><td rowspan="5">10:20—11:30</td><td colspan="2">Session II: Biodiversity Conservation in the Region: Opportunities and Challenges</td></tr>
<tr><td colspan="2">Moderator:</td></tr>
<tr><td>Ms. Song Xiaozhi</td><td>Deputy Director General, Department of International Cooperation, Ministry of Environmental Protection of China</td></tr>
<tr><td colspan="2">Speakers:</td></tr>
<tr><td>Mr. Zhang Wenguo</td><td>Director, Department of Nature and Ecology Conservation, Ministry of Environmental Protection of China</td></tr>
</table>

	Ms. Clarissa C. Arida	Director, Programme Development and Implementation Unit, ASEAN Centre for Biodiversity
	Mr. Cai Lijie	Programme Officer, National Reports, the CBD Secretariat
	Comments and Discussions	
11:30—12:30	Session III: Biodiversity Conservation in China and ASEAN: Policies and Initiatives	
	Moderator:	
	Ms. Clarissa Arida	Director, Programme Development and Implementation Unit, ASEAN Centre for Biodiversity
	Speakers:	
	Dr. Ma Keping	Secretary General, China National Committee
	Ms. Vidya Sari Nalang	Head of Division for Genetic Resources Management, Ministry of Environment, Indonesia
	Mr. Chanthone Phothitay	Deputy Head of Wildlife Managements Section, Ministry of Natural Resources and Environment, Lao PDR
	Ms. Marife L. Castillo	Officer, Department of Environment and Natural Resources, Philippines
	Mr. Panuwat Kamuttachart	Environmentalist, Ministry of Natural Resources and Environment of Thailand
12:30—14:00	Lunch Break	
14:00—15:15	Session III: Biodiversity Conservation in China and ASEAN: Policies and Initiatives （Continued）	
	Moderator:	
	Ms. Clarissa Arida	Director, Programme Development and Implementation Unit, ASEAN Centre for Biodiversity
	Speakers:	
	Dr. Srey Sunleang	Director, Department of Wetlands and Coastal Zones, Ministry of Environment, Cambodia
	Mr. Mohd Samsudin bin Mohd Suri	Principal Assistant Director, Department of Wildlife and National Park （DWNP） Peninsula, Malaysia

	Mr. Myint Thein	Director, Ministry of Environmental Conservation and Forestry, Myanmar
	Mr. Muslim Anshari Rahman	Senior Manager, National Parks Board, Singapore
	Mr. Tran Ngoc Cuong	Head of Ecology Division, Biodiversity Conservation Agency, Ministry of Natural Resourced and Environment, Vietnam
	Comments and Discussions	
15:15—15:35	Coffee/Tea Break	
15:35—17:00	Session IV: Promoting Partnership for Regional Biodiversity Cooperation	
	Moderator:	
	Ms. Zhou Guomei	Deputy Director General, China-ASEAN Environmental Cooperation Center
	Speakers:	
	Prof. Pak Sum Low	Senior Professor, UNEP International Ecological System Management Program
	Ms. Chen Xiaofei	Chief Engineer, Department of Environmental Protection of Guangxi, China
	Ms. Li Pei	Deputy Director General, FECO, Ministry of Environmental Protection of China
	Dr. Sheila G. Vergara	Director, Biodiversity Information Management, ASEAN Centre for Biodiversity
	Dr. Mather Robert Julian	Head of Southeast Asia Group, International Union for Conservation of Nature
	Dr. Wang Yunsheng	Programme Manager, Sino-German Climate Change Programme, GIZ
	Mr. Li Jinwei	Deputy Director, Department of Environmental Protection, Yunnan Province, China
	Comments and Discussions	
17:00—17:30	Session V: Closing Ceremony	
	Moderator:	
	Mr. Guo Jing	Acting Director General, China-ASEAN Environmental Cooperation Center
	Speakers:	

	Ms. Mardiah Hayati	Representative of the Deputy Secretary General of ASEAN Secretariat
	Mr. Tang Dingding	Director General, Department of International Cooperation, Ministry of Environmental Protection of China
18:00—20:00	Reception	
September 18, Tuesday		
08:30—09:30	Seminar: Good Practices on Biodiversity Conservation and Cooperation	
	Moderator:	
	Ms. Zhou Guomei	Deputy Director General, China-ASEAN Environmental Cooperation Center
	Speakers:	
	Dr. Monina T. Uriarte	Capacity Development Specialist, ASEAN Centre for Biodiversity
	Dr. Li Junsheng	Deputy Director, Institute of Ecology, Chinese Research Academy of Environmental Sciences
	Dr. Zhu Chunquan	Country Representative, International Union for Conservation of Nature
	Dr. Xie Yan	Secretary-General, International Society of Zoological Sciences
09:30—09:45	Coffee/Tea Break	
09:45—10:45	Seminar: Good Practices on Biodiversity Conservation and Cooperation （Continued）	
	Moderator:	
	Dr. Sheila Vergara	Director, Biodiversity Information Management, ASEAN Centre for Biodiversity
	Speakers:	
	Mr. Zhou Bo	Director, Department of Environmental Protection, Yunnan Province, China
	Dr. Zhang Yingyi	China Programme Director, Fauna and Flora International （FFI）
	Dr. Zhou Fang	Professor, University of Guangxi
	Comments and Discussions	
10:45—11:00	Wrap-up	
11:15—17:00	Field Visit	

附录二

中国—东盟环境合作论坛
——生物多样性与区域绿色发展
参会人员名单

一、中方

（一）中方领导

李干杰　　环境保护部副部长

（二）中方嘉宾

唐丁丁　　环境保护部国际合作司司长
宋小智　　环境保护部国际合作司副司长
李培　　　环境保护部对外合作中心副主任
陈晓菲　　广西环保厅总工程师
马克平　　国际生物多样性计划中国委员会秘书长
解焱　　　国际动物学会秘书长
张文国　　环境保护部自然生态保护司生物处处长
孙雪峰　　环境保护部国际合作司亚洲处处长
周波　　　云南省环保厅对外交流合作处处长
李俊生　　中国环境科学研究院生态环境研究所研究员
周放　　　广西大学教授
李进伟　　云南省环保厅自然生态保护处副处长

（三）中方代表

郭敬　　　中国—东盟环境保护合作中心副主任
周国梅　　中国—东盟环境保护合作中心副主任
欧阳志云　中国生态学学会副理事长
陈利顶　　中国生态学学会秘书长
杨小玲　　中国生态文明研究与促进会副秘书长
胡京仁　　中国生物多样性保护与绿色发展基金会副秘书长
胡江云　　国务院发展研究中心研究室主任

张建平　国家发展和改革委员会对外经济研究所国际合作室主任
胡璇　环境保护部办公厅副部长秘书
朱留财　环境保护部环境保护对外合作中心处长
王新　环境保护部环境保护对外合作中心处长
彭宾　中国—东盟环境保护合作中心处长
国冬梅　中国—东盟环境保护合作中心处长
明登历　北京市环保局处长
蒋迎红　广西林业厅处长
陈盛樑　重庆市环保局处长
谭良　广西环境保护科学研究院院长
韦忠　广西海洋局海洋环保和预报减灾处调研员
谭建明　成都市兴容投资股份有限公司董事长
陈德清　中持（北京）环保发展有限公司总经理
吴昌敏　中持伊迪亚（北京）环境研究所有限公司总经理
周小康　中国宜兴环保科技工业园管理委员会主任
李承峰　中华环境保护基金会宣联部主任
刘演　中国科学院广西植物研究所主任
邓祥征　中国科学院地理科学与资源研究所研究员
李晓兵　北京师范大学资源学院教授
毛显强　北京师范大学环境学院教授
宇振荣　中国农业大学资源与环境学院教授
张雨田　中国环境科学研究院研究员
杨庆文　中国农科院作物科学研究所研究员
陈进　中国科学院西双版纳热带植物园主任
胡华斌　中国科学院西双版纳热带植物园处长
崔丹丹　环境保护部国际合作司亚洲处副处长
余艳　国家开发银行国际合作业务局副处长
蒙发俊　环境保护部宣传教育中心影像室副主任
曹志萍　北京市环保局副处长
苏方彬　广西环保厅副处长
蒋波　广西环保厅副调研员
龚冰　广西壮族自治区扶贫办外资中心副调研员
颜正纯　广西壮族自治区百色市环保局副局长
谢铮铮　中国宜兴环保科技工业园科技局副局长
李晓丹　北京节能环保中心副部长

张伟民　成都市兴容投资股份有限公司副总经理
温远光　广西大学生物多样性研究中心副主任
姜鲁光　中国科学院地理科学与资源研究所副主任
刘桂环　环境保护部环境规划院副研究员
韩献栋　中国政法大学国际政治研究所副所长
张洪雷　天津环境保护科学研究院研究生部部长
郭建强　广西环境保护科学研究院副院长
侯雪松　中国环境科学学会秘书长助理
胥正楷　成都市兴容投资股份有限公司财务总监
李凡　鼎联控股有限责任公司公共关系经理
景星　金州环境集团股份有限公司总裁特别助理
田淑平　上海川源机械工程有限公司总经理助理
童小濛　鼎联控股有限责任公司战略发展部总经理助理
赵冬青　中国宜兴环保科技工业园管理委员会助理
曹宝　中国环境科学研究院副研究员
冯慧娟　中国环境科学研究院副研究员
黄丽华　上海市环保局主任科员、工程师
夏圆　贵州省环保厅生态处主任科员
瞿燕凌　贵州省环保厅外事外经处副主任科员
李博　环境保护部国际合作司亚洲处官员
徐曾兴　国家开发银行国际合作业务局三级经理助理
陈颖　环境保护部环境影响评价研究中心高工
周军　环境保护部环境与经济政策研究中心高工
崔迎春　国家海洋局国际司官员
王爱华　环境保护部环境保护对外合作中心项目经理
韵晋琦　环境保护部环境保护对外合作中心项目经理
林臻　环境保护部环境保护对外合作中心项目官员
刘冬梅　环境保护部环境影响评价研究中心博士
张楠　环境保护部环境与经济政策研究中心项目官员
夏扬　环境保护部环境与经济政策研究中心项目官员
王薇　环境保护部宣传教育中心项目主管
顾彩云　环境保护部宣传教育中心项目主管
张强　环境保护部环境规划院
刘淑芳　环境保护部环境规划院
田帅　国家发展和改革委员会对外经济研究所国际合作室助理

孔哲　　国家林业局亚太森林网络管理中心项目官员

高晓谊　中华环保联合会项目官员、工程师

王笑　　中华环境保护基金会项目官员

张雯　　中华环境保护基金会项目官员

王卿　　上海市环境科学研究院工程师

熊建华　广西环保厅中欧项目办项目官员

张毓　　北京植物园高工

刘东焕　北京植物园高工

柴春燕　哈尔滨工业大学宜兴环保研究院项目主管

李世阳　哈尔滨工业大学宜兴环保研究院项目助理

钟海玥　中国科学院地理科学与资源研究所博士生

郝亦荣　北京林学会综合事务部部长

李皓　　北京林学会项目官员

（四）工作人员

涂莹燕　中国—东盟环境保护合作中心

王语懿　中国—东盟环境保护合作中心

杨镇钟　中国—东盟环境保护合作中心

庞骁　　中国—东盟环境保护合作中心

周子立　中国—东盟环境保护合作中心

刘妍妮　中国—东盟环境保护合作中心

张玉麟　中国—东盟环境保护合作中心

（五）媒体和技术支持人员

赵珊　　人民日报海外版记者

黄一宸　中央电视台摄像记者

孙旸　　中央电视台摄像记者

武文聪　中国日报记者

罗笑杰　中国环境报社记者

蒋琪　　人民网记者

赵林　　环保部宣教中心摄影

韩晓牧　环保部宣教中心摄影

林健　　环保部宣教中心摄影

李曙明　北京乐光设备有限公司

陈延军　同传翻译人员

许达春　同传翻译人员
施晓菁　同传翻译人员
穆东利　速记员
韩小霞　速记员

二、外方

（一）外方嘉宾

朴英雨	联合国环境规划署亚太办公室主任
许延根	亚洲开发银行东亚局副局长
刘柏森	联合国环境规划署国际生态管理伙伴关系高级教授
蔡立杰	联合国生物多样性公约秘书处官员
马瑟·朱利安	世界自然保护联盟（IUCN）东南亚区主任
朱春全	世界自然保护联盟（IUCN）驻华代表
张颖溢	野生动植物保护国际（FFI）中国项目主任
王韵晟	德国技术合作公司（GIZ）项目经理

（二）东盟代表

哈吉·穆罕默德·塔希尔	文莱发展部副处长
阿旺·哈吉·阿哈默德	文莱发展部高级环境官员
凡恩·曼尼思	柬埔寨环境部副司长兼东盟环境高官柬埔寨主席
斯瑞·孙勒昂	柬埔寨环境部处长
潘查尼特·欧恩	柬埔寨环境部司长助理
索克·西拉	柬埔寨环境部官员
维蒂亚·南朗	印度尼西亚环境部处长
拉西黛尔	印度尼西亚环境部官员
莫妮卡·玛丽安娜	印度尼西亚哥鲁达青年公社副总裁
威达·威蒂提	印度尼西亚绿色青年联合主管
程托内·冯氏泰	老挝自然资源与环境部副处长
艾斯颂·斯利谭	老挝自然资源与环境部湄公河委员会老挝秘书处官员
莫哈·珊苏庭·苏蕊	马来西亚自然资源与环境部副处长
凯瑞妮萨·奥斯曼	马来西亚自然资源与环境部副处长
敏登	缅甸环境保护与林业部处长
森腾	缅甸环境保护与林业部官员

玛丽菲·卡斯蒂诺	菲律宾自然资源与环境部官员
凯瑟琳·帕卡蒂普南	菲律宾自然资源与环境部统计师
穆斯林·安沙利·拉赫曼	新加坡国家公园局高级经理
林黎枫	新加坡国家公园局经理
潘纽沃特·卡玛特查特	泰国自然资源与环境部高级专家
康迪南·披莎	泰国自然资源与环境部官员
阮越宗	越南自然资源与环境部副司长
陈玉强	越南自然资源与环境部处长
马蒂亚·哈亚蒂	东盟秘书处官员
克拉丽莎·阿里达	东盟生物多样性中心开发与执行主任
希拉·维加拉	东盟生物多样性中心处长
莫妮娜·尤雷特	东盟生物多样性中心专家
莎莉·芭蕾	东盟生物多样性中心官员
普尼瑞塔	柬埔寨驻中国使馆商务参赞
尤妮	印度尼西亚驻中国使馆参赞
弗兰克·奥莱亚	菲律宾驻中国使馆一等秘书
黄维强	越南驻中国使馆一等秘书
宁氏辉煌	越南驻中国使馆三等秘书

（三）国际机构及合作伙伴代表

张世钢	联合国环境规划署驻中国区代表
张文娟	联合国环境规划署中国办事处
艾宇新	联合国亚太农机中心高级专家
梁雪峰	亚洲开发银行驻华代表处规划与区域合作部主任
牛志明	亚洲开发银行驻华代表处高级项目官员
杨晓燕	亚洲开发银行驻华代表处项目官员
李涛	中国—东盟中心综合协调部主任
尼娜玛丽莎·舍伦贝格	德国技术合作公司（GIZ）项目助理
赵云涛	世界自然基金会（WWF）项目官员
伊利莎·科克	荷兰驻华使馆参赞
王佳	荷兰驻华使馆官员
吴慧莹	野生动植物保护国际（FFI）项目官员

ASEAN—China Environmental Cooperation Forum 2012
"Biodiversity and Regional Green Development"

List of Participants

I. China

Li Ganjie	Vice-Minister, MEP, China
Tang Dingding	Director-General, Department of International Cooperation, MEP, China
Song Xiaozhi	Deputy Director-General, Department of International Cooperation, MEP, China
Li Pei	Deputy Director-General, Foreign Economic Cooperation Office, MEP, China
Guo Jing	Acting Director-General, CAEC
Zhou Guomei	Deputy Director-General, CAEC
Chen Xiaofei	Chief Engineer, Guangxi Environmental Protection Department, China
Ma Keping	Secretary-General, China National Committee-DIVERSITAS
Ouyang Zhiyun	Vice Chairman, Ecological Society of China
Chen Liding	Secretary-General, Ecological Society of China
Xie Yan	Secretary-General, International Society of Zoological Sciences
Yang Xiaoling	Deputy Secretary-General, China Ecological Civilization Research and Promotion Association
Hu Jingren	Deputy Secretary- General, China Biodiversity Conservation Fund
Zhang Wenguo	Director, Division for Biodiversity Conservation, Department of Nature and Ecology Conservation, MEP, China
Sun Xuefeng	Director, Division of Asian Affairs, Department of International Cooperation, MEP, China
Hu Xuan	General Office, MEP, China
Peng Bin	Director, Division for China-ASEAN Cooperation, CAEC
Guo Dongmei	Director, Division for General Affairs, CAEC

Zhu Liucai	Director, Foreign Economic Cooperation Office, MEP, China
Wang Xin	Director, Foreign Economic Cooperation Office, MEP, China
Ming Dengli	Director, Beijing Environmental Protection Bureau, China
Jiang Yinghong	Director, Guangxi Forestry Department, China
Zhou Bo	Director, Yunnan Provincial Environmental Protection Department, China
Chen Shengliang	Director, Chongqing Environmental Protection Bureau, China
Hu Jiangyun	Director, Research Department of Foreign Economic Relations, Development Research Center of the State Council, China
Zhang Jianping	Director, Academy of Macroeconomic Research, National Development and Reform Commission of the People's Republic of China
Tan Liang	Director, Guangxi Academy of Environmental Sciences, China
Wei Zhong	Researcher, The Oceanic Administration of Guangxi, China
Tan Jianming	Chairman, Chengdu Xingrong Investment Co., Ltd.
Chen Deqing	General Manager, CSD （Beijing） EP. Development Co., Ltd.
Wu Changmin	General Manager, CSD IDEA （Beijing） Institute of Environmental Innovation Co., Ltd.
Zhou Xiaokang	Director-General, Management Committee, Yixing Environmental Technology Industrial Park, China
Li Chengfeng	Director, China Environmental Protection Foundation
Liu Yan	Director-General, Guangxi Institute of Botany, The Chinese Academy of Sciences
Deng Xiangzheng	Professor, Institute of Geographic Sciences and Natural Resources Research, Chinese Academy of Sciences
Li Xiaobing	Professor, College of Resources Science and Technology, Beijing Normal University
Mao Xianqiang	Professor, School of Environment, Beijing Normal University
Yu Zhenrong	Professor, School of Resources and Environment, China Agricultural University
Zhang Yutian	Professor, Chinese Research Academy of Environmental Sciences
Yang Qingwen	Professor, Institute of Crop Science, Chinese Academy of Agricultural Sciences
Zhou Fang	Professor, Guangxi University

Chen jin	Director General, Xishuangbanna Tropical Botanical Garden, Chinese Academy of Sciences
Hu Huabin	Director, Xishuangbanna Tropical Botanical Garden, Chinese Academy of Sciences
Cui Dandan	Deputy Director, Division of Asian Affairs, Department of International Cooperation, MEP, China
Yu Yan	Deputy Director, Global Cooperation Department, China Development Bank
Meng Fajun	Deputy Director, Video Studio, Center of Environmental Education and Communication, MEP, China
Cao Zhiping	Deputy Director, Beijing Environmental Protection Bureau, China
Li Jinwei	Deputy Director, Yunnan Provincial Environmental Protection Department, China
Su Fangbin	Deputy Director, Guangxi Environmental Protection Department, China
Jiang Bo	Deputy Researcher, Guangxi Environmental Protection Department, China
Gong Bing	Deputy Researcher, Guangxi Poverty Alleviation Office, China
Yan Zhengchun	Deputy Director, Baise Environmental Protection Bureau of Guangxi, China
Xie Zhengzheng	Deputy Director,Science and Technology Bureau , Yixing Environmental Technology Industrial Park, China
Li Xiaodan	Senior Engineer, Beijing Energy Saving and Environmental Protection Center
Li Junsheng	Deputy Director, Institute of Ecology, Chinese Research Academy of Environmental Sciences
Zhang Weimin	Deputy General Manager, Chengdu Xingrong Investment Co., Ltd.
Wen Yuanguang	Deputy Director & Professor, Center for Biological Diversity, Guangxi University
Jiang Luguang	Associate Professor,Institute of Geographic Sciences and Natural Resources Research, Chinese Academy of Sciences
Liu Guihuan	Associate Professor, Chinese Academy for Environmental Planning, MEP, China

Han Xiandong	Associate Professor, International Political Science Institute, China University of Political Science and Law
Zhang Honglei	Director & Engineer, Tianjin Academy of Environmental Sciences, China
Guo Jianqiang	Deputy Director, Guangxi Academy of Environmental Sciences, China
Hou Xuesong	Assistant to the Secretary-General, Chinese Society for Environmental Sciences
Xu Zhengkai	CFO, Chengdu Xingrong Investment Co., Ltd.
Li Fan	PR Manager, Tri-Tech Holding Inc.
Jing Xing	Special Assistant to President, Golden State Environment Group Corporation
Tian Shuping	General Manager Assistant, Shanghai GSD Industrial Co., Ltd.
Tong Xiaomeng	General Manager Assistant, Strategic Development Department, Tri-Tech Holding Inc.
Zhao Dongqing	Assistant, Management Committee, Yixing Environmental Technology Industrial Park, China
Cao Bao	Associate Professor, Chinese Research Academy of Environmental Sciences
Feng Huijuan	Associate Professor, Chinese Research Academy of Environmental Sciences
Huang Lihua	Principal Staff & Engineer, Shanghai Environmental Protection Bureau, China
Xia Yuan	Principal Staff, Environmental Protection Department of Guizhou, China
Qu Yanling	Senior Staff, Environmental Protection Department of Guizhou, China
Li Bo	Official, Division of Asian Affairs, Department of International Cooperation, MEP, China
Xu Zengxing	Manager Assistant, Global Cooperation Department, China Development Bank
Chen Ying	Senior Engineer, Environmental Impact Assessment Center, MEP, China
Zhou Jun	Senior Engineer, Policy Research Center for Environment and Economy, MEP, China

Cui Yingchun	Official, Department of International Cooperation, State Oceanic Administration, China
Wang Aihua	Project Manager, Foreign Economic Cooperation Office, MEP, China
Yun Jinqi	Project Manager, Foreign Economic Cooperation Office, MEP, China
Lin Zhen	Program Officer, Foreign Economic Cooperation Office, MEP, China
Liu Dongmei	Doctor, Environmental Impact Assessment Center, MEP, China
Zhang Nan	Policy Research Center for Environment and Economy, MEP, China
Xia Yang	Policy Research Center for Environment and Economy, MEP, China
Wang Wei	Center of Environmental Education and Communication, MEP, China
Gu Caiyun	Center of Environmental Education and Communication, MEP, China
Zhang Qiang	Chinese Academy for Environmental Planning, MEP, China
Liu Shufang	Chinese Academy for Environmental Planning, MEP, China
Tian Shuai	Academy of Macroeconomic Research, National Development and Reform Commission of the People's Republic of China
Kong Zhe	Asia-Pacific Network for Sustainable Forest Management and Rehabilitation
Gao Xiaoyi	All-China Environment Federation
Wang Xiao	China Environmental Protection Foundation
Zhang Wen	China Environmental Protection Foundation
Wang Qing	Engineer, Shanghai Academy of Environmental Sciences, China
Xiong Jianhua	Program Officer, Guangxi Environmental Protection Department, China
Zhang Yu	Senior Engineer, Beijing Botanical Garden
Liu Donghuan	Senior Engineer, Beijing Botanical Garden
Chai Chunyan	Project Supervisor, HIT Yixing Academy of Environmental Protection
Li Shiyang	Project Assistant, HIT Yixing Academy of Environmental Protection

Zhong Haiyue	PHD Candidate, Institute of Geographic Sciences and Natural Resources Research, Chinese Academy of Sciences
Hao Yirong	Director, Department of General Affairs, Beijing Forestry Society
Li Hao	Program Officer, Beijing Forestry Society

II. ASEAN

Mr. Haji Omar Haji Md Tahir	Deputy Director, Ministry of Development, Brunei Darrusalam
Mr. Aliman Awang Haji Ahmad	Senior Environment Officer, Ministry of Development, Brunei Darrusalam
Dr. Vann Monyneath	Deputy Director General for Technical Affairs & National ASOEN Chairman-Cambodia, Ministry of Environment, Cambodia
Dr. Srey Sunleang	Director, Department of Wetlands and Coastal Zones, Ministry of Environment, Cambodia
Ms. Panchakneat Oeurn	Assistant to Director General of Technical Affairs, Ministry of Environment, Cambodia
Mr. Sok Seyla	Technical Official, Department of International Cooperation and ASEAN, Ministry of Environment, Cambodia
Mrs. Pol Nearytann	Commercial Counselor, Royal Embassy of Cambodia in China
Ms. Vidya Sari Nalang	Head of Division for Genetic Resources Management, Ministry of Environment, Indonesia
Ms. Rasyidah	Head of Sub Division for cultivated Land, Ministry of Environment, Indonesia
Ms. Monica Utari Mariana	Vice President, Garuda Youth Community, Indonesia
Ms. Wida Widiaty	Head of KOPHI – West Java Region, Koalisi Pemuda Hijau Indonesia （KOPHI） / Green Youth Coalition, Indonesia
Mrs. Yuni Suryati	Counselor, Embassy of the Republic of Indonesia in China
Mr. Chanthone Phothitay	Deputy Head of Wildlife Managements Section, Ministry of Natural Resources and Environment,

	Lao PDR
Mr. Athisone Silitham	Technical officer, Lao National Mekong Committee Secretariat, Ministry of Natural Resources and Environment, Lao PDR
Mr. Mohd Samsudin bin Mohd Suri	Principal Assistant Director, Ministry of Natural Resources and Environment, Malaysia
Ms. Khairunnisa Binti Othman	Assistant Director, Ministry of Natural Resources and Environment, Malaysia
Mr. Myint Thein	Director, Ministry of Environmental Conservation and Forestry, Myanmar
Mr. Sein Tun	Staff Officer, Ministry of Environmental Conservation and Forestry, Myanmar
Ms. Marife L. Castillo	Officer, Department of Environment and Natural Resources, Philippines
Ms. Catherine C. Pagkatipunan	Statistician, Department of Environment and Natural Resources, Philippines
Mr. Ivan Frank M. Olea	First Secretary, Embassy of the Republic of the Philippines in China
Mr. Muslim Anshari Rahman	Senior Manager, National Parks Board, Singapore
Ms. Lim Li-Feng	Manager, National Parks Board, Singapore
Mr. Panuwat Kamuttachart	Environmentalist, Ministry of Natural Resources and Environment, Thailand
Mrs. Kantinan Peawsa-ad	Chief of Biodiversity Management Section, Ministry of Natural Resources and Environment, Thailand
Mr. Nguyen Viet Dzung	Deputy Director of Personnel Department, Vietnam Environment Administration, Ministry of Natural resources and Environment, Vietnam
Mr. Tran Ngoc Cuong	Head of Ecology Division, Biodiversity Conservation Agency, Vietnam Environment Administration, Ministry of Natural resources and Environment, Vietnam
Mr. Hoang Duy Cuong	First Secretary, Embassy of the Socialist Republic of Viet Nam in China
Mrs. Ninh Thi Huy Hoang	Third secretary, Embassy of the Socialist Republic

	of Viet Nam in China
Ms. Mardiah Hayati	Technical Officer, Environment Division, ASEAN Secretariat
Ms. Clarissa C. Arida	Director, Program Development and Implementation Unit, ASEAN Centre for Biodiversity
Dr. Sheila G. Vergara	Director, Biodiversity Information Management, ASEAN Centre for Biodiversity
Dr. Monina T. Uriarte	Capacity Development Specialist, ASEAN Centre for Biodiversity
Ms. Sahlee Bugna-Barrer	Publications Officer, ASEAN Centre for Biodiversity

III. International Organizations and Other Countries

Dr. Young-Woo Park	Director and Representative, UNEP Regional Office for Asia and the Pacific
Dr. Edgar A. Cua	Deputy Director General, East Asia Department, ADB
Mr. Zhang Shigang	Representative, UNEP China Office
Ms. Zhang Wenjuan	Executive Assistant, UNEP China Office
Prof. Pak Sum Low	Senior Professor, UNEP International Ecosystem Management Partnership
Ms. AI Yuxin	Senior Expert, UNAPCAEM
Mr. Cai Lijie	Secretariat of Convention for Biological Diversity
Mr. Liang Xuefeng	Head, Programs and Regional Cooperation Unit, ADB PRC Resident Mission
Mr. Niu Zhiming	Senior Project Officer, ADB PRC Resident Mission
Ms. Yang Xiaoyan	Project Officer, ADB PRC Resident Mission
Mr. Li Tao	Director, General Affairs and Coordination Division, ASEAN-China Centre
Dr. Zhang Yingyi	China Programme Director, FFI
Ms. Wu Huiying	Programme Officer, FFI
Dr. Mather Robert Julian	Head Of Southeast Asia Group, IUCN
Dr. Zhu Chunquan	Country Representative, IUCN China
Ms. Zhao Yuntao	Programme Officer, WWF China
Dr. Wang Yunsheng	Programme Manager, GIZ
Ms. Nina Marisavon Scherenberg	Programme Assistant, GIZ

Mrs. Elize de Kock	Counselor for Environment and Spatial Planning, Royal Netherlands Embassy
Ms. Wang Jia	Environment Officer, Royal Netherlands Embassy

IV. Secretariat of the Forum

Tu Yingyan	Division for China-ASEAN Cooperation, CAEC
Wang Yuyi	Division for China-ASEAN Cooperation, CAEC
Yang Zhenzhong	Division for China-ASEAN Cooperation, CAEC
Pang Xiao	Division for China-ASEAN Cooperation, CAEC
Zhou Zili	Division for General Affairs, CAEC
Liu Yanni	Division for General Affairs, CAEC
Zhang Yulin	Division for General Affairs, CAEC
Zhao Shan	Journalist, People’ s Daily Overseas Edition
Huang Yichen	TV Cameraman, China Central Television
Sun Yang	TV Cameraman, China Central Television
Wu Wencong	Journalist, China Daily
Luo Xiaojie	Journalist, China Environmental News
Jiang Qi	Journalist, People’ s Daily Online
Zhao Lin	Photographer, Center of Environmental Education and Communication, MEP, China
Han Xiaomu	Photographer, Center of Environmental Education and Communication, MEP, China
Lin Jian	Photographer, Center of Environmental Education and Communication, MEP, China
Li Shuming	Beijing Leguang Equipment Co., Ltd
Chen Yanjun	Simultaneous Interpreter
Xu Dachun	Simultaneous Interpreter
Shi Xiaojing	Simultaneous Interpreter
Mu Dongli	Stenographer
Han Xiaoxia	Stenographer